Das Arbeitszeugnis

Schreiben, prüfen, Geheimcodes knacken

Claudia Kilian

2. Auflage

C.H.BECK

So nutzen Sie dieses Buch

Die folgenden Elemente erleichtern Ihnen die Orientierung im Buch:

> *Beispiele*
>
> *In diesem Buch finden Sie zahlreiche Beispiele, die die geschilderten Sachverhalte veranschaulichen.*

Definitionen

Hier werden Begriffe kurz und prägnant erläutert.

> ! Die Merkkästen enthalten Empfehlungen und hilfreiche Tipps.

Auf den Punkt gebracht

Am Ende jedes Kapitels finden Sie eine kurze Zusammenfassung des behandelten Themas.

Inhalt

Vorwort

Wie motiviert sind Sie? Können Sie im Team arbeiten? Welche Projekte haben Sie im letzten Job erfolgreich umgesetzt? Wie viel Verantwortung hatten Sie? Antworten auf diese und andere Fragen findet Ihr künftiger Arbeitgeber in Ihrem Zeugnis. Wenn das Zeugnis aussagekräftig ist, können Führungskräfte und Personalentscheider erkennen, ob Sie zum Unternehmen passen, ob Sie den gestellten Anforderungen gerecht werden können und ob Sie für das Unternehmen einen „Gewinn" darstellen.

Doch die Aussagekraft von qualifizierten Arbeitszeugnissen lässt heute oftmals zu wünschen übrig. Die Gründe sind vielfältig: Die Erstellung eines aussagekräftigen Arbeitszeugnisses kostet in erster Linie Zeit, die im Arbeitsalltag oft knapp ist. Vielen fachlichen Führungskräften, die das Zeugnis ausstellen sollen, fehlt das notwendige Know-how und zudem oft auch ein geübter Umgang mit den richtigen Formulierungen.

Viele Unternehmen setzen daher mittlerweile sogenannte Zeugnisgeneratoren ein – Softwareprogramme, mit denen man anhand von Textbausteinen ein Zeugnis zusammenstellen kann. Wenn man sich jedoch mit der Materie nicht auskennt und auch nicht die notwendigen Vorüberlegungen anstellt, entstehen so leicht Zeugnisse, bei denen Textbausteine unreflektiert aneinandergereiht werden und die für die unterschiedlichsten Berufsvertreter gleich ausfallen. Das bedeutet: Die meisten Zeugnisse bewerten nicht mehr individuell – weder in Bezug auf den Arbeitnehmer noch in Bezug auf die spezifischen Kriterien einer Arbeitsstelle.

Und: Nicht immer verläuft die Trennung vom Unternehmen reibungslos – eine Tatsache, die sich durchaus in Ihrem Arbeitszeugnis bemerkbar machen könnte. Ein Grund mehr, dieses Schriftstück genau auf den Prüfstand zu stellen.

Mithilfe dieses Buches finden Sie heraus, wie Ihr Arbeitgeber Sie tatsächlich beurteilt. Sie erfahren, was Sie im Falle eines ungünstigen oder fehlenden Zeugnisses unternehmen können, und erhalten tatkräftige Unterstützung, wenn Sie Ihr Zeugnis selbst schreiben sollen. Dabei sollen vor allem die Individualität und Relevanz des Arbeitszeugnisses im Vordergrund stehen.

Viel Erfolg! Ihre Claudia Kilian

Sind Arbeitszeugnisse heute noch zeitgemäß?

Im November 2014 hat ein Urteil des Bundesarbeitsgerichts (Urteil vom 18.11.2014, Az. 9 AZR 584/13) sehr viel Medienaufmerksamkeit erhalten, sogar die Tagesschau berichtete darüber. In der Sache war die Entscheidung eher banal: Die Erfurter Richter bestätigten, dass die Zeugnisnote „befriedigend", also „drei", weiterhin als durchschnittlicher Maßstab gelten soll. Das heißt im Klartext, wer ein besseres Zeugnis einklagen will, muss beweisen können, dass seine Leistungen besser als „befriedigend" waren. Damit ist das höchste deutsche Arbeitsgericht seiner bisherigen Rechtsprechung treu geblieben.

Die Hintergründe für das Urteil sind allerdings interessant. Der klagende Arbeitnehmer bezog sich in seiner Klage auf neuere Studien, die darlegen, dass in der Praxis meist nur noch „gute" und „sehr gute" Zeugnisse ausgestellt werden – auch für „befriedigende" Leistungen. Dies zeigt, dass immer mehr Arbeitnehmer – vorwiegend Angestellte, Führungskräfte und das höhere Management – auf eine bessere Dokumentation ihrer Leistungen Wert legen bzw. Einfluss auf das Zeugnis nehmen, es von Profis schreiben lassen oder sogar selbst schreiben.

Im Hinblick darauf wird immer öfter die Frage diskutiert, welchen Wert Arbeitszeugnisse heute noch haben, wenn sich jeder sein Zeugnis selbst schreiben kann. Viele Arbeitgeber wollen darüber hinaus einen nervenzehrenden Rechtsstreit vermeiden und geben dem Wunsch nach einem guten bis sehr guten Zeugnis schnell nach. Immer öfter hört man in diesem Zusammenhang auch Aussagen wie „Ich darf eh nicht die Wahrheit schreiben, was soll also das Ganze?" oder

„Da steht sowieso überall das Gleiche drin, ich überfliege die Zeugnisse der Bewerber nur noch".

Die Frage nach dem heutigen Wert eines Arbeitszeugnisses ist also ein Stück weit berechtigt. Betrachtet man das Thema jedoch aus einem anderen Blickwinkel, gibt es derzeit einfach (noch?) keine ernst zu nehmende Alternative, mit der ein Arbeitnehmer seine Leistungen im Job dokumentieren kann. Gerade im Hinblick auf die digitale Entwicklung ist es jedoch noch nicht auszuschließen, dass sich früher oder später mögliche Alternativen etablieren. Aber das ist Zukunftsmusik.

Achtung

Eine Alternative ist jedoch immer mehr im Kommen – die Referenz oder das Empfehlungsschreiben. Dieser Trend ist sicherlich dem Umstand geschuldet, dass immer mehr Freelancer und Projektmitarbeiter, zum Teil über Arbeitnehmerüberlassung, eingesetzt werden, die sonst nichts in der Hand hätten.

Arbeitnehmer, die ihre berufliche Zukunft im Auge haben, sollten also nach wie vor darauf achten, dass ihnen der Arbeitgeber ein gutes Arbeitszeugnis ausstellt. Um dem Dokument wieder eine höhere Wertigkeit zu verleihen, können und sollten Sie aber noch mehr tun: Achten Sie darauf, dass das Arbeitszeugnis aussagekräftig ist. Das wird es durch eine individuelle Beurteilung mit für den jeweiligen Job relevanten Beurteilungskriterien. Hierzu ist es in erster Linie notwendig, dass man sich – ob Mitarbeiter oder Zeugnisaussteller – über die Anforderungen an den jeweiligen Job ein paar Gedanken macht.

Individualität als Mehrwert

„Frau Böhme arbeitete zu jeder Zeit strukturiert, selbstständig und äußerst sorgfältig." Und „Herr Wiegand zeichnete sich stets durch einen sehr konzentrierten und effizienten Arbeitsstil aus." Haben Sie schon einmal darüber nachgedacht, welche Eigenschaften und Fähigkeiten wichtig in Ihrem Job sind?

Die Anforderungen an eine berufliche Aufgabe, an ein Jobprofil, sind der Knackpunkt in jedem Arbeitszeugnis. Egal, ob Sie Ihr Zeugnis analysieren oder sich selbst an einem Zeugnisentwurf versuchen wollen – Sie sollten vorab genau überlegen, welche Eigenschaften und Fähigkeiten von Ihnen (also zum Beispiel von einem Produktmanager, von einer Vorstandsassistentin oder von einem Mechatroniker) gefordert werden.

Passende Beschreibungen: selbstständig, kreativ oder sorgfältig?

Stimmen die im Zeugnis beurteilten Eigenschaften nicht mit denen in der Realität geforderten überein, ist das meist ein untrügliches Zeichen dafür, dass der Zeugnisaussteller nicht viel nachgedacht hat (Beispiel: einem einfachen Produktionshelfer am Fließband wird analytisches Denkvermögen bescheinigt) oder dass sogar böser Wille dahintersteckt (Beispiel: „... dank seiner offenen und geselligen Art [...]", „eine anspruchsvolle und kritische Mitarbeiterin ...").

Genauso unvorteilhaft ist es, wenn bestimmte Attribute fehlen, die für den Job eigentlich wichtig sind (Beispiel: einer Sachbearbeiterin wird keine sorgfältige und gewissenhafte

Arbeitsweise bescheinigt; bei einem Vertriebler wird das Verkaufstalent mit keiner Silbe erwähnt).

Achtung

Das Bundesarbeitsgericht hatte dieses Thema auch schon mal auf dem Tisch. Im Entscheidungsfall hatte sich ein Tageszeitungsredakteur darüber beschwert, dass in seinem Zeugnis die Hervorhebung seiner Belastbarkeit in Stresssituationen fehlte. Nach Ansicht der Erfurter Richter kann ein Arbeitnehmer die Ergänzung seines Arbeitszeugnisses verlangen, wenn der Arbeitgeber „übliche Formulierungen“ weggelassen hat. Die Auslassung eines bestimmten Inhalts könne nämlich ein unzulässiges Geheimzeichen sein. Welche Formulierungen üblich sind, hängt von der jeweiligen Branche, in der der Arbeitnehmer tätig ist, oder von der Berufsgruppe ab, der er angehört (BAG, Urteil vom 12.08.2008, Az. 9 AZR 632/07).

Welche Kenntnisse, Fähigkeiten und Eigenschaften sind relevant?

Die folgende Checkliste soll Ihnen bei der Analyse bzw. Vorbereitung Ihres Zeugnisses als Hilfestellung dienen. Auch wenn ich mich bemüht habe, so viele Anforderungen wie möglich aufzuzählen, erhebt die Liste natürlich keinen Anspruch auf Vollständigkeit.

Checkliste: Welche Kenntnisse, Fähigkeiten und Eigenschaften sind in Ihrem Job relevant?	
Fachliche Kenntnisse und Fähigkeiten	
spezifische Fachkenntnisse auf einem bestimmten Gebiet	
Kenntnis der Prozesse und Abläufe im Unternehmen	
Branchen- und Marktkenntnisse	
Berufserfahrung	
praktische Fähigkeiten (zum Beispiel handwerkliches Geschick, Fingerfertigkeit, Talent)	
wirtschaftliche Kompetenz/betriebswirtschaftliche Kenntnisse	
unternehmerisches Denken und Handeln	
technische Kenntnisse/technisches Verständnis	
(besondere) IT-Kenntnisse	
Sprachkenntnisse	
Rhetorische Kenntnisse	
pädagogische Fähigkeiten	
Verhandlungsgeschick/-stärke	
Verkaufstalent	
Verknüpfung mehrerer Fähigkeiten, die besonders wertvoll für das Unternehmen war	
Besondere Anforderungen	
innovativ	
beobachtungsstark	
fantasievoll/kreativ	

Checkliste: Welche Kenntnisse, Fähigkeiten und Eigenschaften sind in Ihrem Job relevant?	
gutes Gespür für Trends	
kommunikationsstark	
assoziativ	
entscheidungsfreudig	
strategisch denkend	
analytisch denkend	
integer/loyal	
diskret	
Belastbarkeit	
ausdauernd	
beharrlich	
auch in Stresssituationen/unter Termindruck belastbar	
flexibel	
Leistungsbereitschaft	
motiviert	
engagiert	
entschlossen	
zielstrebig	
leistungsbereit	
eigeninitiativ	
ehrgeizig im positiven Sinn	
proaktiv	

Checkliste: Welche Kenntnisse, Fähigkeiten und Eigenschaften sind in Ihrem Job relevant?	
Arbeitsweise	
verantwortungsbewusst/zuverlässig	
rational	
genau/sorgfältig/gewissenhaft	
systematisch/strukturiert	
effizient/schnell	
selbstständig	
zielorientiert	
planend/vorausschauend	
Sozialkompetenz	
überzeugend, durchsetzungsstark	
empathisch/mit Feingefühl	
konfliktfähig	
kooperativ, teamorientiert/-fähig	
kompromissbereit	
kontaktstark, offen	
kritikfähig	
hilfsbereit	
freundlich, höflich	
serviceorientiert	

Gehen Sie die verschiedenen Punkte der Reihe nach durch und wählen Sie die Anforderungen aus, die eine deutliche Relevanz für Ihre Aufgabe haben. Beziehen Sie dabei unter Umständen auch mit ein, welche Eigenschaften Sie in Ihrer weiteren Karriereplanung voranbringen können.

Achtung

Die Erfahrung zeigt, dass die meisten meiner Gesprächspartner versucht sind, sehr viele Möglichkeiten anzukreuzen, schließlich ist man ja ehrlich, integer, kompromissbereit. Doch Vorsicht, es geht hier nicht um die persönlichen Eigenschaften im privaten Sinn. Hinterfragen Sie Ihre Auswahl noch einmal: Was ist wirklich relevant für Ihren Job?

Auch wenn die Vorbereitung oder Analyse dadurch aufwendig wird, es lohnt sich wirklich, sich darüber Gedanken zu machen. Nur so wird das Arbeitszeugnis aussagekräftig.

Aufgaben, Projekte und Erfolge im Fokus

Ein weiterer Punkt der in vielen Zeugnissen fehlt, ist der Erfolg. Ihre Aufgaben werden aufgezählt, wenn es gut geht, noch ein bestimmtes Fachwissen, worüber Sie verfügen. Das war es aber dann auch schon.

Um einen potenziellen Arbeitgeber mit einem aussagekräftigen Zeugnis zu überzeugen, gehört mehr dazu. Wo konnten Sie mit Ihrem Fachwissen besonders überzeugen? Welche Projekte haben Sie umgesetzt? Was bedeutet der Erfolg des Projektes für das Unternehmen? Auch diese Punkte sollten Sie gründlich überlegen, bevor es an die Erstellung des Zeugnisses geht. Geben Sie auch diese Punkte an den Vorgesetzten weiter, der Zeugnis erstellen soll.

> ***Beispiel***
>
> *Nehmen wir an, Sie haben sich als Restaurantfachfrau in einem guten Hotel ein hervorragendes Wissen über deutsche Weine angeeignet. Warum sollte nicht erwähnt werden, wie Sie dieses Wissen besonders gut einsetzen konnten?*
>
> *So könnte die Formulierung aussehen:*
>
> *Besonders hervorheben wollen wir, dass sich Frau Sommer während ihrer Zeit in unserem Hause ein hervorragendes Wissen über deutsche Weine angeeignet hat. Ihre Kenntnisse konnte sie besonders bei großen Bankettveranstaltungen wie Hochzeiten und Firmenfeiern unter Beweis stellen. Durch eine sehr professionelle Beratung im Vorfeld sowie eine sehr gute Planung und Vorbereitung sorgte sie stets dafür, dass die Veranstaltungen für unsere Kunden ein unvergessliches Erlebnis wurde.*

Damit verknüpfen Sie erfolgreich Wissen und Erfolg und machen damit das Zeugnis ein Stück individueller und aussagekräftiger. Wenn Sie Ihre Aufgaben und Projekte im Vorfeld näher unter die Lupe nehmen, wird sich bei jedem Job ein entsprechender Erfolg finden lassen, den man auf Ihre besonderen Kenntnisse oder Fähigkeiten zurückführen kann.

Folgende Formulierungen können Sie hierfür zum Beispiel verwenden:

- Als Schnittstelle zwischen Marketing und Vertrieb garantierte Frau Meier jederzeit einen reibungslosen Ablauf der vertrieblichen Prozesse. Dabei kamen ihr ihre sehr guten analytischen Fähigkeiten, ihr strategisches und konzeptionelles Denken sowie ihre Fähigkeit, immer die richtigen Prioritäten zu setzen, sehr zugute.

- Dank seiner hervorragenden Leistungen verfügen wir nun über ein für unser Unternehmen maßgeschneidertes CMS-System, mit dem wir die Wünsche unserer Kunden noch zielgerichteter bedienen und die Kundenbeziehungen insgesamt effizienter nachhalten können.
- Zu jeder Zeit verstand Herr Müller es, seine sehr guten Kenntnisse für eine Optimierung der einzelnen Workflows einzusetzen. Besonders hervorheben wollen wir seine Leistungen bei …

Der Schnellcheck – Das sind die wichtigsten Prüfkriterien

Worauf achten Personalprofis als Erstes, wenn sie ein Zeugnis betrachten? Die meisten von ihnen haben sicherlich eine Reihe von Prüfkriterien im Kopf, die sie schnell und gezielt abhaken. Nicht selten weiß ein geübter Leser bereits nach ein bis zwei Minuten, ob das Zeugnis in Ordnung ist oder ob es Unstimmigkeiten enthält.

- Wurde das Zeugnis auf Firmenpapier ausgestellt?
- Sieht es optisch ansprechend aus oder enthält es Knicke, Flecken und andere Makel?
- Ist der Umfang angemessen? Je nach Stellung und Verweildauer des Mitarbeiters sollte es ein bis zwei Seiten umfassen.

- Ist das Verhältnis zwischen Tätigkeits- und Leistungsbeschreibung angemessen?
- Beinhaltet das Zeugnis eine zusammenfassende Leistungsbeurteilung? Wie wird der Mitarbeiter hier bewertet?
- Wie fällt die Beurteilung des Verhaltens aus? Gibt es an dieser Stelle Hinweise auf Schwierigkeiten mit Vorgesetzten oder Mitarbeitern?
- Sind Austritts- und Ausstellungsdatum identisch?
- Entspricht das Austrittsdatum den normalen Kündigungsfristen oder gibt es Anhaltspunkte für eine fristlose Kündigung?
- Warum wurde das Beschäftigungsverhältnis beendet?
- Enthält das Zeugnis einen positiven „letzten Abschnitt" – wird sein Ausscheiden bedauert, dankt man ihm für seine Leistungen, wie fallen die Zukunftswünsche aus?
- Wurde das Zeugnis von einer kompetenten Person unterzeichnet? Stehen deren Funktion und Name gut lesbar daneben?

Achtung

Prüfen Sie Ihr Zeugnis am besten sofort nach Erhalt. Die späteren Kapitel „So sollte ein Zeugnis aussehen" und „Auf dem Prüfstand: Wie gut ist mein Zeugnis wirklich" bieten Ihnen hilfreiche Unterstützung für eine umfassende Überprüfung. Sollten Sie dennoch unsicher sein, empfiehlt es sich, ein professionelles Gutachten in Auftrag zu geben. Viele Anbieter, gerade im Online-Bereich, haben sich auf Zeugnisanalysen spezialisiert.

Im Übrigen darf ein Personaler auch bei Ihrem jetzigen Arbeitgeber nachhaken, wenn ihm im Zeugnis mehrdeutige Formulierungen oder Widersprüche auffallen. Diese Informationen müssen sich jedoch auf Ihr Verhalten und Ihre Leistung beschränken.

Wollen Sie eine solche Auskunft verhindern, weil Sie beispielsweise zum Zeitpunkt der Bewerbung in einem ungekündigten Arbeitsverhältnis stehen und Nachteile befürchten, wenn Ihr jetziger Arbeitgeber von Ihren Bewerbungsabsichten erfährt, so sollten Sie bereits im Bewerbungsanschreiben um eine vertrauliche Behandlung bitten (sog. Sperr- oder Vertraulichkeitsvermerk).

Beispiel

„Ich darf zum jetzigen Zeitpunkt um eine vertrauliche Behandlung meiner Bewerbung bitten, da ich in einem ungekündigten Arbeitsverhältnis stehe."

Auf den Punkt gebracht

Personalverantwortliche haben in der Regel nicht viel Zeit; häufig müssen sie unter hunderten von Bewerbern den optimalen Kandidaten auswählen. Nur mit einem (sehr) guten Zeugnis haben Sie die besten Chancen in Ihrem weiteren Berufsleben. Grund genug, Ihr Zeugnis genau unter die Lupe zu nehmen. Achten Sie hierbei insbesondere darauf, dass Ihre Kenntnisse und Fähigkeiten durch besondere Erfolge belegt werden und dass die job- und branchenüblichen Eigenschaften beurteilt werden. Nur so wird das Zeugnis aus der Masse herausstechen.

Habe ich ein Recht auf ein Zeugnis?

Grundsätzlich hat jeder Arbeitnehmer bei Beendigung des Arbeitsverhältnisses, unabhängig von dessen Art, Umfang und Dauer, einen Anspruch auf ein schriftliches Arbeitszeugnis. Ihr Arbeitgeber muss Ihnen also ein Zeugnis ausstellen, auch wenn Sie „nur" teilzeitbeschäftigt oder nebenberuflich tätig sind oder eine geringfügige Beschäftigung (Minijob) ausüben.

Für Arbeitnehmer ist das Recht auf ein schriftliches Zeugnis in § 109 Gewerbeordnung (GewO) verankert. Es muss mindestens Angaben zu Art und Dauer der Tätigkeit (sog. „einfaches" Zeugnis) enthalten.

Achtung

Begnügen Sie sich nur im Ausnahmefall mit einem einfachen Zeugnis. Bestehen Sie darauf, dass sich Ihre Beurteilung auch auf „Leistung und Verhalten" erstreckt. Ein solches „qualifiziertes" Zeugnis muss Ihnen Ihr Arbeitgeber aber nur ausstellen, wenn Sie es ausdrücklich verlangen.

Auch sogenannte arbeitnehmerähnliche Personen, zum Beispiel Heimarbeiter oder wirtschaftlich abhängige Handelsvertreter, haben ein Recht auf ein schriftliches Arbeitszeugnis. Berufen Sie sich im Zweifelsfall auf § 630 BGB (Bürgerliches Gesetzbuch), welcher im Ergebnis wieder auf § 109 Gewerbeordnung verweist.

Freie Mitarbeiter sind in aller Regel weder wirtschaftlich abhängig noch weisungsgebunden, ein Arbeitsverhältnis liegt damit streng genommen nicht vor. In der heutigen Zeit sind jedoch die Grenzen fließend, man wird ihnen wohl einen Anspruch auf ein einfaches Zeugnis, zumindest jedoch auf eine Referenz zugestehen müssen.

!

Achtung

Einen Sonderfall bilden sicherlich die Gruppe der Leiharbeitnehmer. Sie sind in der Regel im Betrieb des Entleihers eingegliedert, ein Zeugnis können sie aber nur von der Verleihfirma verlangen, bei der sie angestellt sind. Normalerweise muss der Entleiher hier jedoch einer Mitwirkungspflicht nachkommen und dem Zeugnisaussteller die notwendigen Informationen zur Verfügung stellen. Auch hier bietet sich oftmals eine Empfehlung oder Referenz an.

Auch Auszubildende haben laut Gesetz einen Anspruch: Das ausbildende Unternehmen ist gemäß § 16 Bundesbildungsgesetz (BBiG) verpflichtet, ein schriftliches Zeugnis auszustellen, welches mindestens über die Art, Dauer und das Ziel der Berufsausbildung sowie über die erworbenen beruflichen Fertigkeiten, Kenntnisse und Fähigkeiten des Auszubildenden Aufschluss gibt.

Gleichermaßen haben auch Volontäre, Praktikanten und Werkstudenten ein Recht auf ein schriftliches Zeugnis. Sie werden eingestellt, um berufliche Erfahrungen zu sammeln, ohne dass dadurch ein festes unbefristetes Arbeitsverhältnis begründet wird.

Wer muss das Zeugnis ausstellen?

Generell ist der Arbeitgeber (im öffentlichen Dienst der Dienstherr) verpflichtet, das Zeugnis auszustellen. Er kann diese Tätigkeit jedoch auch delegieren, zum Beispiel an Ihren direkten Fachvorgesetzten. Dieser sollte ohnehin am besten wissen, was zu Ihren Aufgaben gehörte oder wie Sie Ihre Arbeit erfüllt haben. In größeren Unternehmen wird häufig die Personalabteilung mit der Ausstellung des Zeugnisses beauftragt, die in der Regel ebenfalls den Fachvorgesetzten um seine Mithilfe bittet.

Wer auch immer in Ihrem Unternehmen das Zeugnis ausstellt, es sollte sich stets um einen ranghöheren Angestellten handeln. Denkbar wären hier zum Beispiel der Geschäftsführer, der Prokurist, der Personalleiter, in kleineren Betrieben auch der Betriebsleiter oder der Meister.

Achtung

Achten Sie stets darauf, dass das Zeugnis handschriftlich unterzeichnet ist. Andernfalls könnte man annehmen, der Aussteller distanziere sich vom Inhalt des Zeugnisses.

Schwierig wird es sicherlich im Falle einer Insolvenz. Nach Eröffnung des Insolvenzverfahrens können Sie ein Zeugnis nur noch vom Insolvenzverwalter verlangen. In aller Regel kennt dieser jedoch die erforderlichen Fakten nicht, sodass er sie nur durch Befragen der Vorgesetzten oder aus der Personalakte beschaffen kann. Bitten Sie daher rechtzeitig zumindest um ein Zwischenzeugnis, an dem sich das Endzeugnis orientieren kann.

Wann kann ich mein Zeugnis verlangen?

Laut Gesetz entsteht Ihr Recht auf das Arbeitszeugnis erst bei Beendigung des Arbeitsverhältnisses, spätestens also am letzten Arbeitstag. Viele Arbeitnehmer benötigen das Zeugnis jedoch schon früher, um sich bereits vor Ablauf der Kündigungsfrist neu zu bewerben. In der Praxis ist man daher dazu übergegangen, dass der Mitarbeiter die Ausstellung des Zeugnisses verlangen kann, sobald die Kündigung ausgesprochen wurde. Hierbei ist gleichgültig, ob Sie selbst gekündigt haben oder ob Ihnen gekündigt wurde. Ihr Arbeitgeber darf Ihnen in diesem Fall auch ein Zwischenzeugnis ausstellen. Das endgültige Arbeitszeugnis erhalten Sie allerdings erst beim tatsächlichen Ausscheiden aus der Firma.

! *Achtung*

Bei befristeten Arbeitsverhältnissen können Sie bereits zwei bis drei Monate vor dem Ausscheiden um ein Zeugnis bitten. Gleiches gilt im Falle eines Aufhebungsvertrags. Achten Sie hier darauf, dass ein genauer Termin vertraglich vereinbart wird, um möglichen Differenzen vorzubeugen.

Im Übrigen ist der Arbeitgeber nur im Einzelfall verpflichtet, Ihnen das Zeugnis zuzusenden. Man spricht hier von einer „Holschuld", d.h. der Arbeitgeber muss das Zeugnis zur Abholung in den Geschäftsräumen bereithalten. Nur im Falle eines Hausverbots oder wenn der Arbeitnehmer verzogen ist und die Abholung für ihn mit unangemessen hohen Kosten verbunden wäre, muss der Arbeitgeber das Zeugnis gegebenenfalls nachschicken.

Der Grundsatz der Zeugniswahrheit

Dieser doch recht hochtrabend klingende Grundsatz geht zurück auf eine Entscheidung des Bundesarbeitsgerichtes (BAG) aus dem Jahre 1960 (Az. 5 AZR 560/58). Dieses Grundsatzurteil bestimmte mehrere entscheidende Regeln, die auch heute noch in der Zeugnispraxis oberste Priorität haben. Die wichtigste Aussage: Die Angaben im Zeugnis müssen der Wahrheit entsprechen. Darüber hinaus gelten folgende Regeln:

- Das Zeugnis muss alle wesentlichen Tatsachen und Bewertungen enthalten, die für die Gesamtbeurteilung des Arbeitnehmers von Bedeutung und für den Dritten von Interesse sind.
- Einmalige Vorfälle oder Umstände, die für den Arbeitnehmer, seine Führung und Leistung nicht charakteristisch sind – seien sie für ihn vorteilhaft oder nachteilig – gehören nicht in das Zeugnis.
- Weder Wortwahl, Satzstellung noch Auslassungen dürfen dazu führen, dass bei Dritten falsche Vorstellungen entstehen.
- Der Arbeitgeber muss die Aussagen beweisen können, die der Zeugniserteilung und der darin enthaltenen Bewertung zugrunde liegen.

Achtung

!

Das Zeugnis darf keine Behauptungen, Annahmen oder Verdachtsmomente enthalten. Die Wahrheitspflicht kann im Einzelfall aber auch dazu führen, dass der Arbeitgeber negative Aussagen im Zeugnis erwähnen muss, die für Sie zwar nachteilig, aber für einen möglichen neuen Arbeitgeber von berechtigtem Interesse sind. Unterlässt der Arbeitgeber derartige Aussagen, so kann er sich unter Umständen schadenersatzpflichtig machen – zum Beispiel dann, wenn sich ein neuer Arbeitgeber durch den Zeugnisinhalt getäuscht gefühlt hat.

Beispiel

Herr Müller ist Berufskraftfahrer. Aufgrund seiner Scheidung hat er in den vergangenen zehn Monaten verstärkt – auch während der Arbeitszeit – dem Alkohol zugesprochen. Die Folgen: Unpünktlichkeit, Unzuverlässigkeit, schlechtes Verhalten gegenüber Vorgesetzten, Mitarbeitern und Kunden. Ein Unfall unter Alkoholeinfluss führt schließlich zu seiner Kündigung.

Im Beispielfall ist der Arbeitgeber gut beraten, wenn er Herrn Müllers Fehlverhalten im Zeugnis zum Ausdruck bringt. Handelt es sich hingegen um einen einmaligen Vorfall, der für den Mitarbeiter eigentlich untypisch ist, darf der Arbeitgeber dies nicht erwähnen. Gleiches gilt, wenn der Fehltritt bereits längere Zeit zurückliegt und der Mitarbeiter seine Pflicht seither ohne Schwierigkeiten erfüllt hat.

Wie wohlwollend muss ein Arbeitgeber sein?

Neben der Wahrheitspflicht stehen viele Arbeitgeber bei der Ausstellung eines Zeugnisses regelmäßig vor einer anderen Hürde: Das Zeugnis darf den weiteren Berufsweg nicht erschweren. Daher muss der Arbeitgeber die Beurteilung mit „verständigem Wohlwollen" ausstellen.

Für den Arbeitgeber ist diese Forderung natürlich manchmal schwierig, soll er doch nach unzähligen Ärgernissen, Streitereien, vielleicht sogar nach einem nervenaufreibenden Arbeitsgerichtsprozess noch positive Worte für den Mitarbeiter finden.

Es liegt auf der Hand, dass Arbeitgeber zwischen Wahrheit und Wohlwollen oftmals eine regelrechte Gratwanderung vornehmen müssen. Der Wohlwollensgrundsatz bedeutet jedoch nicht, dass die Leistungen und das Verhalten besser bewertet werden sollen, als sie in Wirklichkeit waren. Vielmehr sind negative Aussagen so zu „verpacken", dass sie einerseits immer noch gut klingen, auf der anderen Seite jedoch einem neuen potenziellen Arbeitgeber genügend Aufschluss über den Mitarbeiter geben.

Achtung

Hierin sind sich alle Arbeitsgerichte einig: Im Zweifel steht die Wahrheitspflicht immer über dem Grundsatz des Wohlwollens. Verlangen Sie ein qualifiziertes Zeugnis, müssen Sie auch damit rechnen, dass negative Aussagen enthalten sind.

Der Konflikt zwischen Wahrheit und Wohlwollen hat dazu geführt, dass sich in der heutigen Arbeitspraxis eine besondere Zeugnissprache entwickelt hat. Man ist dazu übergegangen, Zeugnisse in der Regel positiv zu formulieren, negative Faktoren wegzulassen und Probleme zu kodieren. Mit verschiedenen Techniken, zum Beispiel der Leerstellen-, der Knappheits- oder der Reihenfolgetechnik, ist ein kundiger Personaler in der Lage, bestehende Probleme mit dem Mitarbeiter zu verschlüsseln.

Kann ich meinen Anspruch verlieren?

Wenn Sie von Ihrem Arbeitgeber ein Zeugnis möchten, sollten Sie keine Zeit verlieren. Es gibt auch hier einige Fristen, die es zu beachten gilt – allen voran die Verjährung. Aber auch die „Verwirkung" und besondere Verfallsklauseln sollen an dieser Stelle Erwähnung finden.

Achtung: Verjährung!

Der Anspruch auf Zeugniserteilung verjährt nach drei Jahren, d.h. danach können Sie kein Zeugnis mehr verlangen. Die Verjährung beginnt mit dem Ende des Jahres, in dem der Anspruch entstanden ist.

Wann habe ich mein Recht verwirkt?

Trotz der langen Verjährungszeit von drei Jahren sollten Sie Ihr Zeugnis so schnell wie möglich einfordern. Ihr Recht kann nämlich bereits nach wenigen Monaten verwirkt sein. Auch in diesem Fall wird es Ihnen nicht mehr möglich sein, es gerichtlich durchzusetzen.

Der Zeugnisanspruch gilt als verwirkt, wenn Sie Ihr Zeugnis über einen längeren Zeitraum nicht einfordern und so bei Ihrem ehemaligen Arbeitgeber den Eindruck erwecken, Sie seien nicht an einem Zeugnis interessiert. Hat sich dieser darauf eingestellt und ist ihm die Ausstellung des Zeugnisses „unzumutbar" geworden, zum Beispiel weil er sich nicht mehr an Sie als Mitarbeiter erinnert oder ihm die notwendigen Personalunterlagen fehlen, dann müssen Sie wohl oder übel auf das Zeugnis verzichten.

Die Gerichte gehen regelmäßig von einem Zeitraum von zehn bis 15 Monaten aus, in denen der Arbeitnehmer tätig werden sollte. Das Bundesarbeitsgericht hat in einem Einzelfall jedoch auch bei einer fünfmonatigen Untätigkeit schon einmal den zeitlichen Aspekt der Verwirkung bejaht.

Achtung

Der Zeugnisanspruch kann auch dann verwirkt sein, wenn der Arbeitnehmer über einen längeren Zeitraum die Ausstellung seines Zeugnisses mehrfach angemahnt hat und dann über zehn Monate untätig geblieben ist – so entschieden vom BAG (Urteil vom 17.02.1988, Az. 5 AZR 638/86).

Vorsicht bei Ausschlussklauseln

Neben Verjährung und Verwirkung kann das Recht auf ein Arbeitszeugnis auch aufgrund von vertraglichen bzw. tariflichen Ausschlussklauseln (auch Verfallsklausel) verloren gehen. Diese Klauseln sehen oftmals eine sehr kurze Frist (zum Beispiel drei Monate) vor, innerhalb derer sämtliche Ansprüche aus dem Arbeitsverhältnis außergerichtlich oder gerichtlich geltend gemacht müssen. Andernfalls verfallen sie.

Beispiel

Ansprüche aus dem Arbeitsverhältnis und solche, die mit diesem in Verbindung stehen, sind innerhalb von drei Monaten nach Fälligkeit, spätestens jedoch innerhalb von drei Monaten nach Beendigung des Vertragsverhältnisses schriftlich gegenüber der anderen Vertragspartei geltend zu machen.

Ansprüche, die nicht innerhalb dieser Frist geltend gemacht werden, sind verfallen.

Prüfen Sie umgehend nach Beendigung des Arbeitsverhältnisses, ob in Ihrem Fall eine Ausschlussfrist gilt.

> *Achtung*
>
> Findet bei Ihnen eine solche Verfallsfrist Anwendung, so sollten Sie unbedingt auch die Formulierung dieser Klausel sorgfältig überprüfen. Zum Beispiel erfassen allgemein gehaltene vertragliche Ausschlussklauseln nicht ohne Weiteres den Anspruch auf ein Arbeitszeugnis. Zur Sicherheit gilt hier jedoch auch das oben Gesagte: Machen Sie Ihr Recht sobald wie möglich geltend.

Was tun, wenn der Arbeitgeber kein Zeugnis ausstellt?

Die Gründe, warum der Arbeitgeber kein Zeugnis ausstellt, können vielfältig sein: Zeitmangel, fehlende Kenntnisse und Übung, Unsicherheit. Gerade in kleinen Familienunternehmen stellt eine solche Aufgabe eine ganz andere Herausforderung dar als das normale Tagesgeschäft.

Oftmals trennt man sich auch im Streit, der Arbeitgeber ist vielleicht erbost darüber, dass ihn der Angestellte im Stich lässt oder der Mitarbeiter hat ihn ohnehin immer nur geärgert. Kurz: Der Arbeitgeber will kein Zeugnis ausstellen. Vielfach bleibt auch einfach im täglichen Arbeitsalltag keine

Zeit für zusätzliche Arbeiten, die so aufwendig sind wie ein gut durchdachtes Arbeitszeugnis.

Achtung

Ihr Arbeitgeber darf das Zeugnis nicht zurückbehalten, weil er meint, er habe noch Gegenansprüche aus dem Arbeitsverhältnis, zum Beispiel die Rückgabe der Arbeitskleidung oder eine Rückzahlung der Betriebsprämie.

Sind Sie „im Guten" auseinander gegangen, sollte es Ihnen nicht schwerfallen, bei Ihrem ehemaligen Arbeitgeber noch einmal persönlich oder telefonisch um das Zeugnis zu bitten. Andernfalls empfiehlt es sich, ihn mit einer schriftlichen Erinnerung oder einem vergleichbar freundlichen Brief zur Erstellung des Zeugnisses aufzufordern. Achtung: Vergessen Sie hierbei nicht die Fristsetzung. Für alle Fälle können Sie zudem darauf hinweisen, dass Sie auch keine rechtlichen Schritte scheuen.

Muster: Erinnerung an Zeugnis

Sehr geehrter Herr …, / Sehr geehrte Frau …,

am … habe ich Ihr Unternehmen verlassen und leider bis zum heutigen Tage kein Arbeitszeugnis bekommen.

Ich bitte Sie daher, mir bis zum … ein schriftliches Arbeitszeugnis auszustellen, welches auch eine Beurteilung meiner Leistung und meines Verhaltens beinhaltet.

Sollte ich bis zum oben genannten Termin das Zeugnis nicht erhalten haben, werde ich rechtliche Schritte einleiten.

Mit freundlichen Grüßen

Leistet Ihr Arbeitgeber auch einer solchen Aufforderung nicht Folge, hilft nur noch die Klage vor dem Arbeitsgericht. Ist es besonders eilig, können Sie auch einen Antrag auf Erlass einer einstweiligen Verfügung stellen. In diesem Fall müssen Sie jedoch darlegen können, dass Ihnen andernfalls erhebliche Nachteile für Ihre berufliche Karriere drohen.

! *Achtung*

Ein Anwaltszwang besteht vor dem Arbeitsgericht nicht, d.h. Sie könnten Ihre Klage auch ohne Rechtsanwalt einreichen, etwa mit der Unterstützung der Rechtsantragsstelle des zuständigen Arbeitsgerichts. Allerdings zeigt sich in der Praxis immer wieder, dass ein Rechtsbeistand durchaus von Vorteil ist. Vielleicht sorgen Sie rechtzeitig durch eine Rechtsschutzversicherung vor?

Mit der Einreichung der Klageschrift beginnt das Verfahren. Das Gericht ordnet zunächst einen sogenannten Gütetermin an. Dieser Termin soll eine schnelle gütliche Einigung der Parteien herbeiführen. Wird diese erzielt, so ist der Rechtsstreit damit beendet. Andernfalls beraumt das Gericht einen Verhandlungstermin an, an welchem über Ihre Klage verhandelt wird. Sofern erforderlich, wird hierbei auch eine Beweisaufnahme durchgeführt. Regelmäßig ist dies jedoch eher bei Klagen auf Zeugnisberichtigung der Fall.

Generell trägt in der ersten Instanz vor den Arbeitsgerichten jede Partei ihre Anwaltskosten selbst. Sogar wenn Sie die Klage verlieren, können Sie also nicht verpflichtet werden, die Anwaltskosten Ihres Gegenübers zu zahlen.

Darüber hinaus sind jedoch noch die Gerichtskosten zu tragen. Deren Höhe legt der Richter je nach Ausgang des Verfahrens fest. Konkret bedeutet das: Wer im Verfahren verliert, muss die Gerichtskosten bezahlen.

Achtung

Erzielen die Parteien bereits in der Güteverhandlung eine Einigung oder beenden sie das Verfahren durch einen außergerichtlichen Vergleich, entstehen im Übrigen keine Gerichtskosten.

Die Gerichtskosten werden anhand des Streitwertes festgelegt. Bei Klagen auf Erteilung eines Arbeitszeugnisses (auch bei Berichtigungsklagen) legen die Gerichte in der Regel ein Brutto-Monatsgehalt zugrunde. Für ein Verfahren in der ersten Instanz sind im Allgemeinen 2,0 Gebühren vorgesehen (Nr. 8210 KV GKG), d. h. bei einem Streitwert von 1.000 Euro zum Beispiel 2 × 53,00 Euro = 106,00 Euro Gebühr.

Bruttomonatsgehalt in Euro	Gerichtsgebühr in Euro
500,00	35,00
1.000,00	53,00
1.500,00	71,00
2.000,00	89,00
3.000,00	108,00
4.000,00	127,00
5.000,00	146,00
6.000,00	165,00
7.000,00	184,00

Einige Gerichte halten ein Monatsgehalt jedoch für zu hoch, sie setzen einen pauschalen Streitwert (zum Beispiel zwischen 300 und 500 Euro) in Sachen Arbeitszeugnis fest. Dies gilt umso mehr, wenn das Thema Arbeitszeugnis im Rahmen einer Kündigungsschutzklage „miterledigt" wird.

Auf den Punkt gebracht

- Der Arbeitgeber ist laut Gesetz verpflichtet, Ihnen ein Zeugnis auszustellen, welches zumindest Angaben über die Art und die Dauer des Arbeitsverhältnisses enthält (einfaches Zeugnis). Soll sich das Zeugnis auch auf Ihre Arbeitsleistung und Ihr Verhalten beziehen, müssen Sie dies ausdrücklich verlangen.
- Bei der Erstellung des Arbeitszeugnisses ist der Arbeitgeber grundsätzlich frei in der Formulierung. Es muss jedoch inhaltlich wahr und zugleich mit verständigem Wohlwollen gegenüber dem Arbeitnehmer formuliert sein; es darf darüber hinaus Ihr berufliches Fortkommen nicht ungerechtfertigt erschweren.
- Verlangen Sie Ihr Zeugnis so bald wie möglich, zum Beispiel direkt nach dem Erhalt einer Kündigung. Andernfalls müssen Sie damit rechnen, dass Ihr Anspruch durch Verjährung bzw. Verwirkung verloren geht. Kommt Ihr Arbeitgeber der Aufforderung nicht nach, sollten Sie ihn erneut schriftlich dazu auffordern bzw. im Anschluss hieran eine Klage auf Erteilung eines Arbeitszeugnisses beim zuständigen Arbeitsgericht einreichen.

Diese Arten von Zeugnissen gibt es

Als Arbeitnehmer haben Sie stets einen gesetzlichen Anspruch auf ein einfaches Arbeitszeugnis. Dies unterscheidet sich in Umfang und Inhalt von einem sogenannten qualifizierten Zeugnis. Welche Unterschiede zwischen beiden Zeugnisarten bestehen, warum Sie eigentlich immer ein qualifiziertes Zeugnis verlangen sollten und welche Besonderheiten es bei Zwischenzeugnissen und Ausbildungszeugnissen gibt, erfahren Sie in diesem Kapitel.

Das einfache Zeugnis

Das einfache Arbeitszeugnis dient in erster Linie der Dokumentation eines lückenlosen Werdegangs des Arbeitnehmers. Regelmäßig wird es nur bei weniger qualifizierten oder kurzfristig ausgeübten Tätigkeiten ausgestellt. Der Hauptunterschied zum qualifizierten Arbeitszeugnis besteht darin, dass hier keine Bewertung der Arbeitsleistung oder des Verhaltes vorgenommen wird.

Das einfache Zeugnis sollte folgende Angaben enthalten:

- Angaben zur Person,
- Art (konkreter Tätigkeitsbereich) und Dauer (Beginn und Ende, Voll- /Teilzeit) des Beschäftigungsverhältnisses,
- ggf. Grund für die Beendigung (auf Wunsch).

Auch bei einem einfachen Zeugnis sollte neben Ihrer herkömmlichen Berufsbezeichnung Ihr Tätigkeitsbereich genau beschrieben werden. Nur so kann sich ein zukünftiger Arbeitgeber ein umfassendes Bild von Ihren Fähigkeiten und Kenntnissen machen.

Achtung

Als Arbeitnehmer haben Sie grundsätzlich die Wahl, welche Art von Zeugnis der Arbeitgeber Ihnen ausstellen soll. Auch wenn einige Ratgeber bei einem problematischen Arbeitsverhältnis die Ausstellung eines einfachen Zeugnisses empfehlen: Im Regelfall sollten Sie sich stets für ein qualifiziertes Zeugnis entscheiden. Die Vorlage eines einfachen Zeugnisses wird im Bewerbungsverfahren oftmals negativ gedeutet.

Beispiel

Zeugnis

Herr Werner Simon, geb. am 13.10.1953, war in der Zeit vom 1.2.2008 bis zum 1.8.2008 als Hausmeister in unserem Unternehmen tätig. Er erledigte alle anfallenden Wartungs- und Reparaturarbeiten in unseren Geschäftsräumen. Herr Simon verlässt uns auf eigenen Wunsch.

München, den 1.8.2015 Rudolf Meier (Personalleiter)

Das qualifizierte Zeugnis

Wie bereits eben kurz erwähnt, enthält das qualifizierte Zeugnis neben den Angaben über die Art und Dauer der Tätigkeit auch eine Beurteilung der Leistung und Führung des Arbeitnehmers für die gesamte Dauer des Arbeitsverhältnisses.

Das qualifizierte Arbeitszeugnis soll ein konkretes und anschauliches Bild des Mitarbeiters zeichnen und dabei seine Gesamtpersönlichkeit würdigen. Auch wenn der Arbeitgeber dabei insgesamt einen gewissen Beurteilungsspielraum hat, muss er jedoch grundsätzlich eine wohlwollende und wahrheitsgetreue Beurteilung abgeben. Kurz: Ein potenzieller Arbeitgeber soll nach dem Lesen des Arbeitszeugnisses einschätzen können, ob der Bewerber nicht nur fachlich, sondern auch menschlich zum Unternehmen passt. Hierbei zählen für ihn vor allem Kriterien wie zum Beispiel Zuverlässigkeit, Auffassungsgabe und Motivation, aber auch Eigeninitiative und besondere Arbeitserfolge.

Ein qualifiziertes Arbeitszeugnis sollte die folgenden Angaben enthalten:

- Angaben zur Person,
- Beginn und Beendigung des Arbeitsverhältnisses,
- detaillierte Tätigkeitsbeschreibung,
- Beurteilung der Arbeitsleistung,
- Beurteilung des Sozialverhaltens / der „Soft Skills",
- Beendigungsgrund und
- die sogenannte Schlussformel (Dank, Bedauern und Zukunftswünsche).

Möchten Sie Ihr Arbeitszeugnis in allen Einzelheiten überprüfen? Im Kapitel „So sollte ein Zeugnis aussehen" finden Sie die notwendige Unterstützung. Hier erfahren Sie, welche formalen Anforderungen der Arbeitgeber einhalten muss, welche Leistungskriterien unbedingt bewertet werden sollten und welche versteckten Hinweise in Einleitung und Schlussformel lauern können.

Das Ausbildungszeugnis

Auch Auszubildende haben nach Beendigung bzw. Abbruch ihres Ausbildungsverhältnisses einen Anspruch auf ein Zeugnis. Anders als bei einem „normalen" Arbeitszeugnis ist der Ausbildungsbetrieb verpflichtet, es ohne Aufforderung des jungen Mitarbeiters auszustellen. Auch hier unterscheidet man zwischen einfachem und qualifiziertem Ausbildungszeugnis. Das einfache Zeugnis muss Angaben über die Person des Auszubildenden sowie die Dauer und die Zielsetzung der Ausbildung enthalten. Zusätzlich müssen die verschiedenen „Stationen" der Ausbildung, also die Unternehmensbereiche, die der Auszubildende durchlaufen hat, sowie die dort erlangten Kenntnisse und Fähigkeiten, beschrieben werden.

Beispiel: Ausbildungszeugnis

Herr Kai Müller, geboren am ..., wurde in der Zeit vom ... bis zum ... entsprechend der Ausbildungsordnung zum Immobilienkaufmann ausgebildet.

Herr Müller hat während seiner Ausbildung mehrere Abteilungen unseres Unternehmens durchlaufen. Hierbei hat er vielfältige Aufgaben erledigt:

Abteilung Immobilienwirtschaft:

- *Vermietung und Verpachtung privater und gewerblicher Objekte*
- *Prüfung und Ausfertigung von Verträgen*

Abteilung Rechnungswesen und Controlling:

- *Überprüfung von Mietschuldnern*
- *Forderungseinzug inklusive Zusammenarbeit mit Rechtsanwälten und Inkassobüros*

Abteilung Technik:

- *Koordination verschiedener Sanierungsabläufe*
- *Information und Betreuung der Mieter*

Je nach Größe des Unternehmens und nach Art der Ausbildung sollten hier nur die wichtigsten Stationen und Tätigkeiten aufgeführt werden. Wenn Sie bereits wissen, in welche Richtung Sie sich beruflich weiterentwickeln wollen, sollten Sie Ihren Ausbilder darüber informieren, auf welche Kenntnisse und Fertigkeiten Sie besonderen Wert legen.

Das qualifizierte Ausbildungszeugnis enthält zusätzliche Angaben über Ihre Führung, Leistung sowie über besondere fachliche Fähigkeiten. Es ist nur auf Verlangen des Auszubildenden auszustellen.

Schließlich sollte das Ausbildungszeugnis noch Angaben zur Abschlussprüfung enthalten.

Beispiel

„Frau Schmidt beendete ihre Ausbildung durch Ablegen der Abschlussprüfung vor der Industrie- und Handelskammer Erfurt mit der Note ‚sehr gut'."

Davon abgesehen gelten die gleichen Anforderungen an Form und Inhalt wie für herkömmliche Zeugnisse. Unterzeichnen muss der Ausbildungsleiter und ggf. der Personalleiter bzw. Geschäftsführer oder Inhaber des Unternehmens.

! *Achtung*

Werden die Gründe für die Nichtübernahme in ein festes Arbeitsverhältnis genannt, zum Beispiel weil:

- über Bedarf ausgebildet wurde,
- zurzeit keine freie Stelle vorhanden ist,

so ist dies generell als Aufwertung Ihres Zeugnisses zu verstehen. Es zeigt, dass der Arbeitgeber Sie sonst gerne übernommen hätte.

Volontäre und Trainees

Ein Volontariat oder eine Trainee-Ausbildung entspricht ebenfalls einer Ausbildung im Unternehmen. In der Regel haben die Betreffenden jedoch bereits eine Lehre oder ein Studium absolviert und sammeln jetzt ihre ersten Berufserfahrungen. Umso wichtiger ist ein gutes und ausführliches Zeugnis für die berufliche Zukunft – besonders dann, wenn es darum geht, nach dem Traineeship oder Volontariat die erste feste Stelle zu übernehmen.

Für Volontariats- oder Traineezeugnisse gelten im Wesentlichen die gleichen Anforderungen an Form und Inhalt, die soeben bei den Ausbildungszeugnissen beschrieben wurden. Auch hier sind die absolvierten Ausbildungsstationen genau zu beschreiben.

Achtung

Geben Sie Ihrem Ausbilder einen Hinweis, welche Angaben für Ihre berufliche Zukunft wichtig sind.

Werkstudenten und Praktikanten

Gerade in der heutigen Zeit, in der es Studienabsolventen und Berufseinsteiger nicht leicht haben, ohne einschlägige Berufserfahrung einen Arbeitsplatz zu finden, stehen Praktika und Werkstudentenjobs hoch im Kurs. Die jungen Studierenden und Absolventen bekommen häufig einen ersten Einblick in verschiedene Unternehmensstrukturen oder wirtschaftliche Abläufe. Mit einem Zeugnis gelingt ihnen der Nachweis über erste berufliche Erfahrungen. Aus diesem Grund sollte auch ein solches Zeugnis nicht auf die leichte Schulter genommen werden.

In Form und Inhalt entspricht es im Wesentlichen den zuvor beschriebenen Ausbildungs- bzw. Volontariats- und Traineezeugnissen. Da Werkstudenten und Praktikanten oft noch kein spezielles Berufsbild vor Augen haben, sollten die beschriebenen Aufgaben und Tätigkeiten so abstrakt und branchenneutral wie möglich aufgeführt werden. Nur auf diese Weise wird das Zeugnis bei weiteren, auch branchenfremden Bewerbungen neue Chancen eröffnen.

Achtung

Absolvieren Sie das Praktikum im Rahmen eines Studiums, sollten Sie besonders darauf achten, dass das Zeugnis einen Bezug zu Ihrem Fachgebiet herstellt.

Das Zwischenzeugnis

Auch wenn es keine gesetzliche Verpflichtung gibt: Es ist mittlerweile allgemein anerkannt, dass Sie als Mitarbeiter auch während eines bestehenden Arbeitsverhältnisses ein Zeugnis beanspruchen können – das sogenannte Zwischenzeugnis. Hierfür müssen Sie jedoch ein berechtigtes Interesse vorweisen. In der Praxis haben sich verschiedene Fälle herausgebildet, die den Wunsch nach einem Zwischenzeugnis rechtfertigen:

- Ihr Arbeitgeber hat Sie von einer bevorstehenden Kündigung in Kenntnis gesetzt. Sie benötigen ein Zeugnis, um sich bei anderen Firmen zu bewerben.
- Ihr befristetes Arbeitsverhältnis endet in den nächsten drei Monaten.
- Ihr direkter Vorgesetzter verlässt das Unternehmen oder wechselt innerhalb der Firma.
- Sie selbst wechseln auf eine andere Position innerhalb des Unternehmens oder werden befördert.
- Es gibt Umstrukturierungen im Unternehmen, die sich auf Ihren Arbeitsplatz auswirken oder dem Unternehmen droht Insolvenz.

- Sie werden zum Wehr- bzw. Zivildienst einberufen oder unterbrechen das Arbeitsverhältnis aus einem anderen Grund, zum Beispiel wegen Elternzeit, einer Kur oder der Übernahme eines politischen Mandats.
- Sie planen eine Fortbildung, zum Beispiel ein berufsbegleitendes Studium. Für die Zulassung ist ein aktuelles Zeugnis erforderlich.

In Form und Inhalt unterscheidet sich das Zwischenzeugnis nicht wesentlich von einem endgültigen Arbeitszeugnis. Es gelten jedoch einige Besonderheiten, die einfach der unterschiedlichen Ausstellungssituation geschuldet sind.

Auch wenn sich hartnäckig das Gerücht hält, der Arbeitgeber sei bei der Ausstellung des Endzeugnisses an die Aussagen im Zwischenzeugnis gebunden: Sie haben keinen Anspruch darauf, dass der Arbeitgeber die gleichen Formulierungen wie im Zwischenzeugnis verwendet. Allerdings können Sie von einer starken Indizwirkung ausgehen, insbesondere dann, wenn zwischen der Erteilung des Zwischen- und des Endzeugnisses nicht sehr viel Zeit vergangen ist.

Beispiel

Helmut Grundmann arbeitet seit sieben Jahren bei der Fair Bank. Er macht sich berechtigte Hoffnungen auf die Stelle des Abteilungsleiters, wenn dieser in Rente geht. Im Juni ist es dann soweit: Grundmann erhält ein hervorragendes Zwischenzeugnis, aber die Stelle wird mit einem Bewerber von einer anderen Bank besetzt. Frischer Wind von außen, so lautet die Devise. Und dieser weht Grundmann nun gehörig um die Ohren. Dem „Neuen" kann er einfach nichts recht machen. Nach sechs Monaten kündigt er schließlich, um bei einer anderen Bank zu zeigen, was in ihm steckt. Als er sein

Zeugnis in den Händen hält, traut er seinen Augen nicht. Von befriedigenden Leistungen ist hier die Rede. Mit beiden Zeugnissen bewaffnet, spricht er bei einem Rechtsanwalt vor. Dieser kann ihn jedoch beruhigen.

Besonders dann, wenn das Zwischenzeugnis nicht älter als ein oder zwei Jahre ist, wird man häufig eine Bindungswirkung annehmen können – es sei denn, in Zwischenzeit haben gravierende Vorfälle stattgefunden, die eine Abweichung vom Zwischenzeugnis rechtfertigen.

Natürlich kann der Arbeitgeber auch vom Zwischenzeugnis abweichen, wenn sich die Leistungen und das Verhalten des Mitarbeiters verbessert haben.

!

Achtung

Generell ist es nicht empfehlenswert, ohne triftigen Grund um ein Zwischenzeugnis zu bitten. Ihr Arbeitgeber wird vermuten, dass Sie das Unternehmen verlassen wollen. Nutzen Sie daher jede Möglichkeit auf ein reguläres Zwischenzeugnis. Bedenken Sie hierbei vor allem auch, dass jedes weitere Zeugnis durch diverse Aufgabenänderungen oder Umstrukturierungen aufwendiger zu erstellen ist. Lassen Sie sich also lieber regelmäßig beurteilen. Neben den oben genannten Gründen können Sie auch im Arbeitsvertrag vereinbaren, dass Ihnen der Arbeitgeber nach zwei Jahren eine Zwischenbilanz ausstellen muss. Auch in einem Aufhebungsvertrag ist eine Regelung denkbar, die den Arbeitgeber an das Zwischenzeugnis bindet.

Sonstige Nachweise

An dieser Stelle soll noch kurz auf drei weitere Nachweise eingegangen werden: Referenzen für freie Mitarbeiter, die Ausgleichsquittung sowie der Nachweis für die BA (Bundesagentur für Arbeit). Auch sie stehen meist am Ende eines Beschäftigungsverhältnisses.

Referenzen

Auch wenn Sie als Freiberufler über einen längeren Zeitraum oder in einem großen Umfang für ein Unternehmen gearbeitet haben, zum Beispiel als freier Redakteur mit festen Projekten oder als Makler usw., ist Ihr Auftraggeber nicht verpflichtet, Ihnen ein Zeugnis über Ihre Tätigkeit auszustellen. Sie können ihn jedoch um ein Referenzschreiben bitten. Gerade wenn der Auftraggeber selbst Unternehmer ist, wird er diesem Wunsch Verständnis entgegenbringen.

Die Referenz gibt Auskunft über die Qualität der Arbeit, den Umfang des Verantwortungs- bzw. Aufgabenbereichs sowie über die erreichten Ergebnisse respektive Erfolge und die Zufriedenheit des Auftraggebers.

Da der Referenzgeber nicht verpflichtet ist, eine Empfehlung auszustellen, kann er im Prinzip hervorheben, was er möchte – er ist nicht an formale und inhaltliche Vorgaben gebunden. Auch ein verklausulierter Zeugniscode ist nicht notwendig – das Geschriebene entspricht in der Regel dem, was der Aussteller ausdrücken wollte.

Da die Referenz keinen Vorschriften unterliegt, kann sie sehr persönlich abgefasst sein – das Ergebnis ist oftmals ein sehr individuelles und authentisches Dokument.

Die Ausgleichsquittung

Ausgleichsquittungen werden den scheidenden Mitarbeitern häufig bei Beendigung des Arbeitsverhältnisses vorgelegt. Hier müssen sie zum Beispiel bestätigen, dass sie ihre Lohnsteuerkarte und alle übrigen Arbeitspapiere (Sozialversicherungsausweis, Sozialversicherungsnachweisheft, Zeugnis) erhalten haben. Darüber hinaus verbinden viele Arbeitgeber die Ausgleichsquittung mit einer Verzichtserklärung. Bei der Formulierung: „Damit sind sämtliche Ansprüche aus dem Arbeitsverhältnis abgegolten", ist jedoch Vorsicht geboten. Sie verzichten damit auf möglicherweise bestehende Rechte. Sollte sich nämlich später herausstellen, dass noch Ansprüche offen sind oder zu diesem Zeitpunkt bestanden haben, können diese nicht mehr geltend gemacht werden.

! *Achtung*

Nach Ansicht des Bundesarbeitsgerichtes gibt es einige Ansprüche, auf die Sie im Zuge einer Ausgleichsquittung nicht verzichten können, so zum Beispiel Ansprüche aus dem Mutterschutzgesetz, gesetzliche Urlaubsansprüche, Ansprüche auf eine betriebliche Altersvorsorge oder das Recht auf einen Kündigungsschutzprozess.

Werden Sie aufgefordert, auf derartige Rechte zu verzichten, empfiehlt es sich, die entsprechenden Klauseln einfach zu streichen und nur den Erhalt der Papiere zu unterzeichnen.

Achtung

Auch wenn Sie eine Ausgleichsquittung unterschrieben haben, ist Ihr Recht auf ein Zeugnis davon nicht betroffen. Sie können von Ihrem Arbeitgeber immer noch ein Zeugnis einfordern.

Die Arbeitsbescheinigung für die Bundesagentur für Arbeit

Um Arbeitslosengeld beantragen zu können, benötigen Sie eine Arbeitsbescheinigung Ihres Arbeitgebers. Hierzu gibt es ein Formular der Bundesagentur für Arbeit, das der Arbeitgeber verwenden muss. Die Arbeitsbescheinigung dient der Agentur als Nachweis, um über Ihren Arbeitslosengeldantrag zu entscheiden. Die folgenden Angaben müssen u. a. enthalten sein:

- die Art Ihrer Tätigkeit,
- Angaben zur wöchentlichen Arbeitszeit (Teilzeit- oder Vollzeitbeschäftigung),
- Beginn und Ende des Arbeitsverhältnisses (exaktes Datum), eventuelle Unterbrechungen,
- Beendigungsgrund (Kündigung durch Arbeitnehmer oder Arbeitgeber, Aufhebungsvertrag, Befristung),

- Höhe des Arbeitsentgeltes inklusive Zusatzleistungen (Weihnachts- und Urlaubsgeld, vermögenswirksame Arbeitgeberleistungen, Einmalzahlungen),
- Angaben über Abfindungen oder sonstige Entschädigungen.

Auf den Punkt gebracht

Als Arbeitnehmer haben Sie die Wahl zwischen einem einfachen oder qualifizierten Zeugnis. Letzteres müssen Sie ausdrücklich von Ihrem Arbeitgeber verlangen. Als Freiberufler bleibt Ihnen nur die Möglichkeit einer Referenz.

So sollte ein Zeugnis aussehen

Gerade bei der Vielzahl der Bewerbungen, die ein Personalleiter in seinem Arbeitsalltag in den Händen hält, kommt es auf den ersten Eindruck an. In der Regel hat er ein vorgefertigtes Schema, nach welchem er das Zeugnis analysiert. Die folgenden Fragen könnte er im Kopf abhaken:

- Ist das Gesamtbild stimmig?
- Sind die Formvorschriften gewahrt?
- Werden alle notwendigen Kriterien bewertet?
- Wer hat unterschrieben?

Achtung

Auch wenn dem Arbeitszeugnis im Wettbewerb um den richtigen Job eine wichtige Rolle zukommt, keine Panik: Auch ein Personalleiter ist nur ein Mensch. In der Regel legt er bei der Beurteilung nicht jedes Wort auf die Goldwaage. Oftmals wird er einkalkulieren, dass der Zeugnisaussteller möglicherweise kein Experte war.

Mithilfe dieses Kapitels können Sie überprüfen, ob Ihr (qualifiziertes) Zeugnis den erforderlichen Anforderungen entspricht, ob die Formvorschriften gewahrt wurden und ob alle Beurteilungskriterien enthalten sind.

Der erste Eindruck – Anforderungen an die Form

Wie so oft im Leben ist es auch bei einem Zeugnis der erste Eindruck, der zählt. Hier sollte vor allem die äußere Form stimmen. Sie ist das Erste, was der Leser wahrnimmt.

> *Beispiel*
>
> *Florian Schmidt hat bei seinem Arbeitgeber, der Achtlos Bau GmbH, gekündigt. Als er sein Zeugnis in den Händen hält, kann er nur mit dem Kopf schütteln. Nicht genug, dass Arbeitgeber Achtlos es mit der deutschen Sprache nicht so genau nimmt, das Zeugnis ist außerdem auf einem weißen Papier ausgestellt, an ihn adressiert und zweimal gefaltet, damit es in einen kleinen Briefumschlag passt. Und wem zum Teufel gehört diese Unterschrift?!*

Sie können erwarten, dass Ihr Arbeitgeber Ihnen ein einwandfreies Zeugnis ausstellt, zumindest was die Form und die optische Gestaltung angeht. Dazu gehört in erster Linie, dass das Zeugnis auf offiziellem Firmenpapier – mit Firmenlogo, Geschäftsadresse und Vertretungsverhältnissen – ausgedruckt ist.

> **!** *Achtung*
>
> Ein weißer Briefbogen mit Firmenstempel und Unterschrift genügt nicht. Das Zeugnis sollte maschinengeschrieben sein – es sei denn, es wurde ersichtlich in einem Privathaushalt oder von einer älteren Person ausgestellt (zum Beispiel im Bereich der Altenpflege).

Auch wenn der Arbeitgeber das Zeugnis auf einem Firmenbriefpapier ausstellen darf, muss das Adressfeld frei bleiben. Das Zeugnis darf also nicht an Sie adressiert sein.

Es sollte außerdem auf sauberem, haltbarem Papier von guter Qualität (DIN A4) gedruckt sein und weder Flecken noch Eselsohren aufweisen. Andernfalls könnte leicht der Eindruck entstehen, der Arbeitgeber habe es besonders nachlässig behandelt, um potenzielle Arbeitgeber zu warnen. Auch Ausbesserungen, zum Beispiel Streichungen oder die Verwendung von Tipp-Ex® entsprechen nicht der erforderlichen Sorgfalt.

Achtung

Obwohl viele Gerichte die Auffassung vertreten, das Zeugnis müsse in ungefalteter Form übergeben werden, hält dies das Bundesarbeitsgericht nicht unbedingt für notwendig. Seiner Meinung nach kann der Arbeitgeber das Zeugnis auch zweimal falten, um es in einem Geschäftsumschlag üblicher Größe unterzubringen. Das Originalzeugnis muss lediglich kopierfähig bleiben und die Knicke im Zeugnisbogen dürfen sich nicht durch Schwärzungen oder Ähnliches auf den Kopien abzeichnen (BAG, Urteil vom 21.9.1999 – Az. 9 AZR 893/98).

Schließlich sollten Sie bei Erhalt des Zeugnisses noch auf die Unterschrift und das Ausstellungsdatum achten: Zum einen muss die richtige Person unterschrieben haben, und da Unterschriften manchmal nur sehr schwer lesbar sind, sollte außerdem der Name und die Funktion des Unterzeichnenden unterhalb der Unterschrift stehen. Der Zeugnisersteller muss in der Form unterzeichnen, wie er üblicherweise im Rechtsverkehr unterschreibt – selbst wenn er dort ein lachendes Smiley in der Unterschrift verwendet (so kurioserweise das ArbG Kiel, Urteil vom 18.4.2013; Az. 5 Ca 80b/13). Bleibt für den Zeugnisempfänger nur zu hoffen, dass das potenzielle Arbeitgeber auch so sehen.

Das Ausstellungsdatum darf nicht mehr als zwei Wochen von der Beendigung des Arbeitsverhältnisses abweichen, andernfalls könnte das für einen möglichen Streit um das Zeugnis, zumindest aber für mangelnde Anerkennung sprechen. Ist der Arbeitgeber an einer verzögerten Ausstellung schuld, dürfen Sie verlangen, dass er das Zeugnis auf den tatsächlichen Tag Ihres Austritts zurückdatiert.

Checkliste: Ist das Zeugnis formal in Ordnung?	**Ja**	**Nein**
Wurde das Zeugnis auf offiziellem Firmenbriefpapier ausgestellt?		
Ist die Gestaltung optisch ansprechend?		
Weist das DIN-A4-Blatt weder Flecken noch Eselsohren auf?		
Wurde es nicht bzw. sehr sorgfältig gefaltet?		
Wurde das Zeugnis maschinell (mit Schreibmaschine oder Computer) erstellt?		
Enthält es keine offensichtlichen Ausbesserungen (Streichungen, Tipp-Ex®)?		

Checkliste: Ist das Zeugnis formal in Ordnung?	Ja	Nein
Hat eine ranghöhere Person hat unterschrieben? Stehen Name und Funktion maschinengeschrieben darunter?		
Entspricht das Ausstellungsdatum im Wesentlichen dem Austrittsdatum?		

Sind Sie mit dem äußeren Erscheinungsbild nicht zufrieden, können Sie das Arbeitszeugnis zurückweisen und die Ausstellung eines korrekten Zeugnisses verlangen.

Überschrift und Einleitung

Die Überschrift sollte nach der Art des Zeugnisses gewählt sein. Üblicherweise werden hier die Formulierungen **Zeugnis** oder **Arbeitszeugnis** (meist bei gewerblichen Arbeitnehmern) bzw. Zwischenzeugnis verwendet. In entsprechenden Fällen sind auch die Überschriften Ausbildungszeugnis, Praktikums-, Volontariats, oder Traineezeugnis möglich.

Achtung

Keinesfalls sollte die Überschrift **Bestätigung**, **Bescheinigung** oder **Beurteilung** lauten. Dies könnte negative Rückschlüsse zulassen.

Arbeitnehmer, die bis zum Ende der Kündigungsfrist im Unternehmen weiterbeschäftigt werden oder auf den Ausgang eines Kündigungsschutzprozesses warten, können bereits vorab ein „vorläufiges" Zeugnis bzw. ein Zwischenzeugnis verlangen.

Der nächste wichtige Punkt im Zeugnis ist der Einleitungssatz. Lässt dieser bereits Zweifel an dem Mitarbeiter aufkommen, wird ein geschulter Personalprofi den folgenden Text umso genauer unter die Lupe nehmen.

> „Frau Klein, geboren am 21.1.1968 in Hoyerswerda, wohnhaft in Augsburg, Glasscherbenstraße 7, war vom 1. März 2012 bis zum 11. Mai 2015 bei uns als Vertriebsassistentin angestellt."

Das Beispiel macht es deutlich: Bereits in der Einleitung können einige Gefahren lauern, die dem Zeugnislaien nicht ohne weiteres auffallen. Achten Sie daher ganz besonders darauf, dass der Einleitungssatz keine versteckten Wertungen enthält. Überprüfen Sie die folgenden Punkte:

Vor- und Zuname

Neben dem Zunamen muss stets auch der Vorname genannt werden. Andernfalls entsteht der Eindruck, der Mitarbeiter war so unauffällig, dass man sich nicht einmal den Vornamen habe merken können. Es sollte also besser heißen: „Frau Jutta Klein, geboren am ..., war vom ... bis zum ... bei uns tätig."

Hat eine Mitarbeiterin im Verlauf des Beschäftigungsverhältnisses geheiratet und damit ihren Zunamen geändert, kann auch ihr Mädchenname genannt werden: „Frau Jutta Klein, geb. Mähler, ...".

> ### *Achtung*
>
> Auch akademische und öffentlich-rechtliche Titel (zum Beispiel Dr. oder Prof.) müssen als Bestandteile des Namens im Zeugnis angegeben sein. Anders verhält es sich hingegen mit betrieblichen Titeln (Direktor, Prokurist). Diese können, müssen aber nicht verwendet werden, da sie mit dem Ausscheiden aus dem Unternehmen ohnehin ihre Berechtigung verlieren.

Ein letzter Punkt: Achten Sie darauf, dass die Anrede „Frau" bzw. „Herr" enthalten ist. Verzichtet der Arbeitgeber nämlich darauf, ist dies nur unhöflich, es zeugt vielmehr von mangelndem Respekt und möglichen Problemen während des Arbeitsverhältnisses.

Geburtsdatum und Geburtsort

Geburtsdatum und -ort sind zur Identifikation zwar nicht unbedingt erforderlich, können aber bei Namensgleichheit mögliche Verwechslungen ausschließen. Ob sie im Arbeitszeugnis aufgenommen werden müssen, ist umstritten. Während die Befürworter dafür plädieren, um einer möglichen Verwechslungsgefahr vorzubeugen, argumentieren andere, die Angabe des Geburtsdatums und -ortes im Zeugnis öffne Tür und Tor für Vorurteile.

Achtung

Besonders nach der Einführung des AGG (Allgemeines Gleichbehandlungsgesetz) im Jahr 2006 sind viele Arbeitgeber bezüglich eine mögliche Diskriminierung ihrer Mitarbeiter sensibilisiert. Nach § 1 AGG sind Benachteiligungen aufgrund der Rasse oder ethnischen Herkunft, des Geschlechts, der Religion oder Weltanschauung, einer Behinderung, des Alters oder der sexuellen Identität zu verhindern oder zu beseitigen.

Allein aufgrund dieser Gesichtspunkte wählen die Verantwortlichen in der Praxis zunehmend den Mittelweg: Geburtsdatum und -ort dürfen im Zeugnis Erwähnung finden, wenn der Mitarbeiter einverstanden ist.

Achtung

Man geht in der Regel von Ihrem Einverständnis aus, wenn Sie nach Erhalt des Zeugnisses der Aufnahme dieser Angaben nicht widersprechen.

Anschrift des Mitarbeiters

Auch die Angabe der aktuellen Anschrift des Mitarbeiters ist zur Identifizierung nicht unbedingt erforderlich. Dies gilt umso mehr, als dass sie sich bei einem Stellenwechsel auch oftmals ändert.

Auch hier ist die Gefahr einer Benachteiligung durch mögliche Vorurteile (soziale Herkunft, Wohnanschrift liegt in einem sozialen Brennpunktviertel) nicht von der Hand zu weisen. Üblicherweise verzichtet man daher zunehmend auf die Angabe der Adresse.

Eintritts- und Austrittsdatum

Zumindest der Beginn des Arbeitsverhältnisses muss im Einleitungssatz aufgeführt sein; in diesem Fall sollte das Austrittsdatum jedoch in der Schlussformulierung genannt werden („Das Arbeitsverhältnis endet zum 31. Dezember 2008."). Diese Möglichkeit der Darstellung ist vorteilhaft für Sie, wenn das Arbeitsverhältnis nur von kurzer Dauer war. So dargestellt, wird diese Tatsache zumindest nicht auf den ersten Blick deutlich.

> ***Achtung***
>
> Eine kurze Beschäftigungsdauer deutet regelmäßig auf mangelndes Durchhaltevermögen und Probleme am Arbeitsplatz hin. Von „kurz" spricht man meist bei Arbeitsverhältnissen unter zwei Jahren. Eine überdurchschnittlich lange Beschäftigungsdauer (zehn Jahre und mehr) könnte hingegen auf mangelnde Mobilität und Entschlusskraft hinweisen. Aber keine Sorge: Ein geschulter Personaler wird stets eine Gesamtbetrachtung Ihres Karriereverlaufes vornehmen.

Häufig werden beide Daten kombiniert: „Frau Elisa Müller war in der Zeit vom … bis zum … bei uns tätig.". Auch gegen diese Formulierung ist nichts einzuwenden. Besondere Vorsicht ist jedoch geboten, wenn im Zeugnis ein „krummes" Austrittsdatum genannt wird, wenn das Datum also nicht mit den üblichen Kündigungsfristen (zum 30./31., ggf. auch zum 15. eines Monats, zum Ende des Quartals) übereinstimmt.

Beispiel

„Herr Werner Osthoff war vom 1. Februar 2015 bis zum 8. November 2015 in unserem Unternehmen tätig."

Ein solches Austrittsdatum signalisiert in aller Regel das Ende des Arbeitsverhältnisses durch fristlose Kündigung.

Achtung

Kurze Unterbrechungen des Arbeitsverhältnisses, zum Beispiel durch Krankheit, Urlaub, Arbeitskampfmaßnahmen (Streik) oder Ähnliches dürfen auf keinen Fall im Zeugnis erwähnt werden. Hingegen sind längere Unterbrechungen, wie zum Beispiel durch Elternzeit aufzunehmen, sofern sie den gesamten Beurteilungszeitraum mitprägen.

Als Faustregel gilt: Unterbrechungen sind zu erwähnen, wenn sie etwa die Hälfte des Beschäftigungszeitraumes ausmachen. Liegt die Unterbrechung bereits mehrere Jahre zurück und hat damit keine Bedeutung in der Gesamtschau, sollte sie unerwähnt bleiben.

Beispiel

„Wenn der Mitarbeiter während eines 50 Monate bestehenden Arbeitsverhältnisses 33 ½ Monate Elternzeit in Anspruch genommen hat, so stellt dies eine erhebliche Ausfallzeit dar", entschied das Bundesarbeitsgericht mit Urteil vom 10.5.2005 (Az. 9 AZR 261/04). Die Erwähnung der Elternzeit im Arbeitszeugnis wurde nicht als Verstoß gegen das Benachteiligungsverbot (§ 612a BGB) gewertet.

Die Stellenbezeichnung und der Werdegang

Auch die korrekte Stellenbezeichnung sollte bereits im Einleitungssatz genannt werden. Dies hat den Vorteil, dass ein Personaler gleich nach dem Einleitungssatz eine erste Vorstellung davon erhält, inwieweit Ihr Profil mit dem gesuchten übereinstimmt. Hat sich die berufliche Tätigkeit im Verlauf des Beschäftigungsverhältnisses verändert, sollte auch das in der Einleitung Erwähnung finden. Oftmals lässt sich hierdurch bereits eine stringente Weiterentwicklung des Mitarbeiters darstellen.

Beispiel

„Frau Ulrike Müller, geb. am 5.2.1978, war in der Zeit vom 15.12.2004 bis zum 31.5.2008 in unserem Unternehmen tätig. Frau Müller hat dabei in der Zeit vom 15.12.2004 bis zum 14.12.2005 eine Inhouse-Ausbildung in Form eines zwölfmonatigen Trainee-Programms durchlaufen. Über diese Zeit wurde bereits ein separates Zeugnis erstellt. Nach dem erfolgreichen Abschluss der Ausbildung wurde Frau Müller als Junior Marketing-Managerin übernommen."

Sollten Sie teilzeitbeschäftigt sein, kann auch diese Tatsache im Zeugnis erwähnt werden.

> *Beispiel*
>
> *„Frau Ulrike Müller, geb. am 5.2.1978, war in der Zeit vom 15.12.2004 bis zum 31.5.2008 in unserem Unternehmen tätig. Sie arbeitete zunächst 40 Wochenstunden, ab dem 1.7.2007 30 Wochenstunden."*

Besondere Vorsicht gilt bei Passivkonstruktionen: „Hiermit bescheinigen wir Herrn Tilo Schröder, in unserem Unternehmen vom 15.4. bis zum 30.11.2007 beschäftigt gewesen zu sein." Derartige passive Formulierungen hinterlassen stets einen negativen Eindruck. Auch Phrasen wie „Hiermit bescheinigen wir ..." werden negativ gewertet.

Wie sollte die Unternehmensbeschreibung aussehen?

Ob eine Beschreibung des Unternehmens Bestandteil eines Zeugnisses sein muss, wird in der Praxis unterschiedlich gehandhabt. Viele Unternehmen verzichten darauf – teils aus Unwissenheit, teils weil sie davon ausgehen, dass der Firmenname ohnehin jedem ein Begriff ist.

Besonders bei kleinen und mittelständischen Unternehmen, die oftmals nur regional agieren, ist es jedoch durchaus sinnvoll, ein paar Worte über das Unternehmen einzubauen. Schließlich soll das Arbeitszeugnis doch vor allem Auskunft über die bisherigen Erfahrungen und Kenntnisse des Mitarbeiters geben. Dazu gehört auch, in welcher Art Unternehmen, ob Familienunternehmen, ob Großkonzern, er bislang gearbeitet hat.

Ein zukünftiger Arbeitgeber erhält so vor allem einen Eindruck von der Art, der Organisation und der Größe der Firma. Nur so kann er einschätzen, ob sich der Mitarbeiter auch in dem neuen Unternehmen zurechtfinden würde.

Beispiel

„Die SVM Projekt Consulting GmbH ist eine 1981 gegründete, international agierende Unternehmensberatung mit Hauptsitz in München. Mit insgesamt 300 Mitarbeitern in fünf deutschen Niederlassungen unterstützt die SVM international tätige Großkonzerne ebenso wie die öffentliche Verwaltung bei der Entwicklung und Umsetzung zukunftsorientierter Problemlösungen."

Neben der Mitarbeiterzahl, der Unternehmensgröße und ähnlichen Daten können auch Informationen über Produkte, Dienstleistungen, Jahresumsatz, Marktstellung und Konzernzugehörigkeit zur Firmenbeschreibung gehören. Die Formulierungen sollten idealerweise so gewählt sein, dass sie auch außerhalb der Branche verstanden werden.

Achtung

Bei der Unternehmensbeschreibung sollte immer auch ein Zusammenhang zur Tätigkeit des Mitarbeiters hergestellt werden können. Der Umfang und die Detailtreue der Unternehmensbeschreibung sind somit auch von der Stellung des zu Beurteilenden abhängig.

Wie ausführlich muss die Tätigkeitsbeschreibung sein?

Die Tätigkeitsbeschreibung ist eines der Kernstücke des Arbeitszeugnisses. Hier erfährt der zukünftige Arbeitgeber, welche Tätigkeiten der Bewerber zuvor verrichtet hat. Nur durch eine „gute" Tätigkeitsbeschreibung wird er auch in der Lage sein einzuschätzen, ob der Kandidat die gewünschten fachlichen Qualifikationen mitbringt. Dem Zeugnisaussteller sind bei der Beschreibung des Aufgabenbereiches jedoch enge Grenzen gesetzt. Alle Tätigkeiten, die der Mitarbeiter im Laufe seiner Unternehmenszugehörigkeit ausgeübt hat, sind vollständig und verständlich darzustellen.

Generell heißt die Regel: „im Verhältnis zur Stelle". Also je höher qualifiziert die Stelle, umso ausführlicher und detaillierter sollte der Aufgabenbereich erläutert sein. Häufig gibt es hier in der Praxis grobe Unverhältnismäßigkeiten, oftmals schleichen sich auch – ob gewollt oder nicht – missverständliche Formulierungen ein.

> ***Beispiel***
>
> *„Herr Meier war in unserem Unternehmen als Leiter Finanz- und Rechnungswesen angestellt. Sein Aufgabengebiet umfasste im Wesentlichen den gesamten kaufmännischen Bereich inklusive Finanzbuchhaltung, Administration und operativem Controlling."*

Auf den ersten Blick könnte man meinen, die Tätigkeitsbeschreibung sei eine runde Sache. Erst auf den zweiten Blick werden Unstimmigkeiten ersichtlich: So fallen zwar einige wichtige Schlagwörter, anhand derer ein Kenner des Finanz-

und Rechnungswesen sich ungefähr vorstellen kann, was Herr Meier dort geleistet hat. Aber welche konkreten Aufgaben hat er erfüllt? Welche Verantwortung hat er getragen? Für wie viele Mitarbeiter war er zuständig? Auch der Umfang der Tätigkeitsbeschreibung wird einer so verantwortungsvollen Stelle wie der eines Leiters Finanz- und Rechnungswesen wohl kaum gerecht.

Außerdem heißt es: „Sein Aufgabengebiet umfasste im Wesentlichen ...". Ein geübter Personaler liest aus dieser Formulierung heraus, dass diese Aufgaben zwar vorgesehen waren, Herr Meier ihnen aber nicht gerecht wurde.

Achtung

Achten Sie daher darauf, dass die Tätigkeitsbeschreibung aktivisch formuliert ist:

- In dieser Position übernahm er folgende Aufgaben: ...
- Innerhalb ihrer dreijährigen Tätigkeit erledigte Frau Müller folgende Aufgaben: ...
- Zu seinen Aufgaben gehörten folgende Tätigkeitsschwerpunkte: ...

Hatte der Mitarbeiter Personalverantwortung, war er für die Betreuung namhafter Kunden zuständig oder wurden ihm besondere Vertretungsbefugnisse oder Prokura erteilt, so sind auch diese Tatsachen hier zu erwähnen.

Besser müsste es also wie folgt heißen:

> ***Beispiel***
>
> *Herr Meier war vom 1. Februar 2005 bis zum 31. August 2008 unserem Unternehmen als Leiter Finanz- und Rechnungswesen tätig. Er verantwortete den gesamten kaufmännischen Bereich inklusive Finanzbuchhaltung, Administration und operativem Controlling. Hier war er für folgende Aufgaben zuständig:*
>
> - *Konsolidierung der Monats-, Quartals- und Jahresabschlüsse nach IFRS inklusive Anlagenbuchhaltung, Zahlungsverkehr und Forderungsmanagement,*
> - *Verantwortung des Liquiditätsmanagements und sämtlicher Steuerthemen inkl. Umsatzsteuervoranmeldung,*
> - *Koordination der Zusammenarbeit mit Wirtschaftsprüfern, Steuerberatern und Banken,*
> - *Planung und Erstellung von Abweichungsanalysen sowie betriebswirtschaftliche Auswertungen und Analysen entlang der Prozess- und Wertschöpfungskette.*
>
> *Herr Meier verantwortete sowohl sämtliche Abschlussinhalte nach IFRS und HGB als auch die Einhaltung der Termine. Er trug Personalverantwortung für acht Mitarbeiter in der Abteilung Finanz- und Rechnungswesen.*

Ob die Tätigkeitsbeschreibung in Form von Aufzählungspunkten oder fortlaufend erfolgt, ist reine Geschmackssache. Vor allem bei einem umfangreichen Tätigkeitsprofil bieten Listen bzw. Aufzählungen eine größere Übersichtlichkeit. Durch ihre spezielle Formatierung stechen sie aus dem Zeugnistext hervor. Der Blick eines zukünftigen Arbeitgebers wird auf diese Weise sofort auf den zentralen Punkt im Zeugnis – die Qualifikation des Bewerbers – gelenkt.

Achtung

Auch hier gilt: Die Aufgaben sind jeweils so zu definieren, dass auch ein branchenfremder Leser versteht, welche Qualifikationen und Erfahrungen der Bewerber mitbringt. Doch Vorsicht: Eine Aufzählung vergleichsweise minderwertiger oder selbstverständliche Tätigkeiten kann als Herabsetzung der Fähigkeiten verstanden werden.

Bei umfangreichen oder auch bei besonderen Tätigkeitsprofilen empfiehlt es sich außerdem, die Aufzählungspunkte als Gliederungsebenen zu verwenden und darunter die wesentlichen Aufgaben zu erläutern.

Beispiel

Frau Monika Hardenberg war in der Zeit vom 1.2.2010 bis zum 1.8.2015 bei uns als Produktmanagerin tätig. In dieser Funktion hat sie in unserer Abteilung „Produkte für den Mittelstand" vielfältige Aufgaben übernommen:

- *Produktmanagement Print- und Softwareprodukte*
  - *strategische Konzeption von Print- und elektronischen Produkten inklusive Konkurrenz- und Kundenanalysen*
  - *Produktbetreuung, d. h. Themen- und Inhaltsplanung im Rahmen der Update-Zyklen, Autorenakquise und -betreuung*
  - *Koordination von Redaktion, Herstellung und Marketing*

  - *Erstellen von Produktkomponenten wie Handbücher, Begleitschreiben und Verpackungen*
- *Betreuung des Themenportals Unternehmerwissen.de*
  - *eigenverantwortliche Planung von Themen und Inhalten inklusive Autorenbriefing und Bildreaktion*
  - *eigenverantwortliche Erstellung und Herausgabe des wöchentlichen E-Newsletters „Unternehmerwissen Plus".*

Die Tätigkeitsbeschreibung muss immer in einem ausgewogenen Verhältnis zum restlichen Zeugnistext stehen. Andernfalls entsteht leicht der Eindruck, der Mitarbeiter war zwar mit einer Vielzahl von Aufgaben betreut, konnte diese aber im Ergebnis nicht erfüllen.

!

Achtung

Ob auf Nachfrage oder Eigeninitiative: Machen Sie für sich selbst eine Aufstellung Ihrer Aufgaben im Unternehmen und übergeben Sie diese Ihrem Vorgesetzten. Dadurch haben Sie den Vorteil, dass auch wirklich diejenigen Tätigkeiten Erwähnung finden, die für Ihre berufliche Karriere förderlich sind. Auch die meisten Arbeitgeber werden für eine solche Vorarbeit dankbar sein.

Welche Kriterien sollten beurteilt werden?

Nach der Beschreibung des Tätigkeitsbereiches folgt die eigentliche Leistungsbeurteilung des Mitarbeiters – das Kernstück jedes qualifizierten Arbeitszeugnisses. Viele Arbeitnehmer geraten bei der Analyse ihres Zeugnisses gerade an dieser Stelle in arge Bedrängnis. Zum einen ist den meisten nicht bekannt, welche Kriterien unbedingt beurteilt werden müssen, zum anderen ist es für Laien oftmals sehr schwierig, die unterschiedlichen Formulierungen den entsprechenden Notenstufen zuzuordnen. Nicht selten entscheiden nur ein oder zwei Worte über eine Note mehr oder weniger.

Beispiel

- *„Herr Meier war* ***stets*** *ein* ***äußerst*** *engagierter und gewissenhafter Mitarbeiter." (Note 1)*
- *„Herr Meier war ein* ***sehr*** *engagierter und gewissenhafter Mitarbeiter." (Note 2)*

Für die Frage, welche Kriterien im Rahmen der Leistungsbeurteilung bewertet werden müssen, kommt es in erster Linie auf den ausgeübten Beruf, auf die jeweilige Tätigkeit an. So sind zum Beispiel bei einem Produktmanager andere Kriterien zu bewerten als bei einem Hausmeister.

Achtung

Personaler verwenden häufig Musterzeugnisse oder auch Textbausteine, um zum einen Zeit zu sparen, aber auch um rechtlich auf der sicheren Seite zu sein. Hier ist jedoch Vorsicht geboten: Diese vorformulierten Mustertexte passen niemals hundertprozentig und sollten daher nur als Anregung verstanden werden. Zudem wirken sie oft starr und wenig individuell. Ein geschulter Personaler sieht auf den ersten Blick, wenn ein Zeugnis nicht exakt auf den jeweiligen Mitarbeiter zugeschnitten ist. Die Tatsache, dass man sich diese Mühe für den Mitarbeiter gespart hat, spricht für sich. Generell sollte ein Zeugnis also immer individuell gestaltet werden.

In den vergangenen Jahren haben sich in der Praxis und natürlich auch durch die Rechtsprechung gewisse Standards herausgebildet, welche Kriterien beurteilt werden müssen. Eine große Bedeutung kommt hierbei dem Landesarbeitsgericht Hamm zu. In einem Grundsatzurteil zum Zeugnisrecht (LAG Hamm, Urteil v. 1.12.1994, Az. 4 Sa 1631/94) bestimmten die Richter unter anderem, dass der Arbeitgeber bei der Ausstellung des Zeugnisses grundsätzlich in seiner Ausdrucksweise frei sei, sich aber dennoch der in der Praxis allgemein angewandten Zeugnissprache bedienen müsse. Außerdem habe er die gebräuchliche Gliederung zu beachten. Die Leistungsbeurteilung sollte nach Ansicht des Gerichtes Aussagen zu folgenden Kategorien enthalten:

- Arbeitsbefähigung („Das Können"),
- Arbeitsweise (Einsatz),
- Arbeitsbereitschaft („Das Wollen"),
- Arbeitsergebnis (Erfolg),
- Arbeitsvermögen (Ausdauer) und
- Arbeitserwartung (Potenzial).

Zudem können auch herausragende Erfolge oder Ergebnisse (zum Beispiel Patente, neue Produktentwicklungen) in die Leistungsbeurteilung einfließen.

Den Abschluss bildet regelmäßig die zusammenfassende Leistungsbeurteilung. Sie erfüllt die Funktion einer Gesamtnote.

Achtung

Es gibt keine vorgegebene Reihefolge, nach welcher der Arbeitgeber beurteilen muss. In vielen Zeugnissen beginnt die Leistungsbewertung zum Beispiel mit der zusammenfassenden Beurteilung. Sie nehmen also die Gesamtnote vorweg und schlüsseln darunter die Einzelleistungen auf. Auch diese Variante ist möglich. Entspricht die Reihenfolge in Ihrem Zeugnis also nicht der, die hier im Buch vorgegeben ist, müssen Sie an dieser Stelle keine versteckte Abwertung befürchten.

Doch zunächst lesen Sie in den folgenden Unterkapiteln alles Wichtige zu den einzelnen Beurteilungskriterien. Sie erfahren, welche Aspekte Ihrer Arbeit im Einzelnen beleuchtet werden müssen, welche Schlüsselwörter unbedingt auftauchen sollten und an welcher Stelle Fallen lauern. Zusätzlich finden Sie am Ende jeder Beurteilungskategorie eine Tabelle mit Musterformulierungen für alle Notenstufen von „sehr gut" bis „mangelhaft".

Arbeitsbefähigung: Das „Können und Wissen"

Bei der Arbeitsbefähigung geht es in erster Linie um Ihr „Können" – um den Sachverstand und die fachliche Kompetenz. Hierzu zählen nicht nur die Fachkenntnisse, je nach Berufsbild können auch Aussagen über die praktischen Fähigkeiten und die gesammelte Berufserfahrung getroffen werden. Weiterhin gilt es hier, auch die Auffassungsgabe, das Denk- und Urteilsvermögen sowie die Belastbarkeit zu bewerten.

Fachwissen und Weiterbildung

Fachwissen – das sind die speziellen Kenntnisse, die Sie sich im Laufe Ihrer beruflichen Laufbahn angeeignet haben und die es Ihnen ermöglichen, Ihre Arbeit auszuüben.

> **!** *Achtung*
>
> Bei gewerblichen Arbeitnehmern sind neben dem Fachwissen auch immer die praktischen Fähigkeiten von entscheidender Bedeutung. Einem Fliesenleger, der zwar weiß, wie man die Fliesen gut verlegt, dem aber die notwendige Fingerfertigkeit fehlt, wird man wohl kaum eine „sehr gute" Arbeitsbefähigung aussprechen können.

Auch die Weiterbildung spielt eine große Rolle: Waren Sie daran interessiert, Ihre Fachkenntnisse stetig zu erweitern bzw. zu ergänzen? Verfolgen Sie mit, was sich in der Branche tut? Haben Sie keine Schwierigkeiten im Umgang mit modernen Arbeitsmitteln? Diese Fragen sprechen stets für einen engagierten Mitarbeiter und diese Tatsache sollte auch im Zeugnis Würdigung finden – insbesondere dann, wenn Ihnen aufgrund der Weiterbildungsmaßnahmen neue anspruchsvollere Aufgaben übertragen werden konnten oder Sie befördert wurden.

Achtung

Noch wichtiger als die Weiterbildung an sich ist die Tatsache, dass Sie diese stets auch aus eigenem Antrieb verfolgt haben. Und das sollte sich auch im Zeugnis widerspiegeln. Formulierungen wie zum Beispiel: „Pflichtgemäß besuchte er unsere internen Weiterbildungsveranstaltungen", klingen zwar auf den ersten Blick gut, drücken jedoch das ganze Gegenteil aus: Der Mitarbeiter hat zwar an Weiterbildungen teilgenommen, diese jedoch mehr als Pflicht denn als Chance begriffen. Um externe Veranstaltungen hat er sich überhaupt nicht bemüht. Kurz: Er ist desinteressiert.

Note	Musterformulierung
sehr gut	Er verfügt über ein umfassendes und detailliertes Fachwissen, das er stets zum Wohle unseres Unternehmens einzusetzen wusste.
	Er verfügt über hervorragende und umfassende Fachkenntnisse, auch in Randgebieten, die er zusätzlich durch weiterbildende Seminare noch ergänzte und vertiefte.
	Er beherrschte sein Aufgabengebiet in jeder Hinsicht perfekt.

Note	Musterformulierung
gut	Er verfügt über ein umfassendes Fachwissen, das er stets zum Wohle unseres Unternehmens einzusetzen wusste.
	Er verfügt über umfassende Fachkenntnisse, die er zusätzlich durch weiterbildende Seminare noch ergänzte und vertiefte.
	Er beherrschte sein Aufgabengebiet in jeder Hinsicht gut.
befriedigend	Er verfügt über solide Fachkenntnisse, die er stets zum Wohle unseres Unternehmens einzusetzen wusste.
	Er beherrschte sein Aufgabengebiet gut.
ausreichend	Er war stets bemüht, seine Fachkenntnisse noch zu erweitern.
	Er verfügt über solide Grundkenntnisse in seinem Arbeitsbereich.
mangelhaft	Er verfügt über hinreichende Grundkenntnisse in seinem Arbeitsbereich.
	Er war stets bemüht, sich die für seine Arbeit erforderlichen Kenntnisse anzueignen.

Auffassungsgabe, Denk- und Urteilsvermögen

Zur Beurteilungskategorie Arbeitsbefähigung zählen auch die Auffassungsgabe sowie das Denk- und Urteilsvermögen eines Mitarbeiters. Diesen Kriterien kommt im heutigen Arbeitsalltag ebenfalls eine entscheidende Bedeutung zu: Schließlich kann man an kaum einem Arbeitsplatz noch nach vorgefertigten Schemen arbeiten, häufig ändern sich Aufgaben, Prozesse und Ansprechpartner. Bei der Einarbeitung in neue Aufgabengebiete sind daher stets Flexibilität und Lernfähigkeit gefragt.

Das Kriterium Denk- und Urteilsvermögen bestätigt die Fähigkeit, eigenständig zu denken und konstruktive Lösungen zu finden. Hier wird bewertet, wie Sie sich in schwierigen Situationen verhalten, ob und wie Sie zutreffende Problemlösungen entwickeln und wie Sie Ihre Lösungsvorschläge kommunizieren. Das richtige „Denk- und Urteilsvermögen" ist vor allem bei Berufsgruppen wichtig, die häufig mit neuen Herausforderungen konfrontiert werden, die stets Entscheidungen treffen müssen oder die konzeptionell tätig sind, zum Beispiel Produktentwickler oder -manager.

Note	Musterformulierung
sehr gut	Sie besitzt eine äußerst schnelle Auffassungsgabe und zeigte sich auch in schwierigen Situationen souverän und flexibel.
	Besonders hervorzuheben ist seine Urteilsfähigkeit, die ihn auch in schwierigen Situationen zu einer eigenständigen, ausgewogenen und zutreffenden Entscheidung befähigte.
	Durch ihre hervorragende Auffassungsgabe konnte sie sich sehr schnell in neue Aufgaben einarbeiten und war dadurch vielseitig einsetzbar. Auch in schwierigsten Arbeitssituationen fand sie stets sehr effektive Lösungen.

Note	Musterformulierung
gut	Sie besitzt eine schnelle Auffassungsgabe und zeigte sich auch in schwierigen Situationen souverän und flexibel.
	Seine fundierte und sichere Urteilsfähigkeit ermöglichte es ihm, auch in schwierigen Situationen eigenständig zu guten Entscheidungen zu gelangen.
	Durch ihre sehr gute Auffassungsgabe konnte sie sich schnell in neue Aufgaben einarbeiten und war dadurch vielseitig einsetzbar. Auch in schwierigen Arbeitssituationen fand sie stets gute Lösungen.
befriedigend	Aufgrund seiner Auffassungsgabe konnte er sich in neue Aufgaben schnell einarbeiten und praxisnahe Lösungen entwickeln.
	Seine Urteilsfähigkeit ermöglichte es ihm, auch in schwierigen Situationen eigenständig zu richtigen Entscheidungen zu gelangen.
ausreichend	Aufgrund seiner Auffassungsgabe arbeitete er sich meist zügig in neue Arbeitsabläufe ein.
	Infolge ihres Urteilsvermögens fand sie stets ausreichende Lösungen.
mangelhaft	Aufgrund seiner Auffassungsgabe gelang es ihm bisweilen, seine Aufgaben erfolgreich wahrzunehmen.
	Infolge ihres Urteilsvermögens fand sie in der Regel ausreichende Lösungen.

Ausdauer und Belastbarkeit

In vielen Unternehmen hat der Leistungsdruck in den vergangenen Jahren rapide zugenommen. Die Mitarbeiter erhalten häufig zusätzliche Aufgaben, der Terminstress steigt. Alles was jetzt zählt, ist Belastbarkeit, und das meist über einen längeren Zeitraum.

Ein zukünftiger Arbeitgeber will daher auch erfahren, wie ausdauernd und belastbar Sie sind. Wie arbeiten Sie unter Zeitdruck? Erbringen Sie auch über lange Strecken Hochleistungen? Wie reagieren Sie in extremen Stresssituationen?

Note	Musterformulierung
sehr gut	Wir haben ihn als einen sehr ausdauernden und außergewöhnlich belastbaren Mitarbeiter kennen gelernt, der auch unter schwierigsten Arbeitsbedingungen alle Aufgaben in hervorragender Weise bewältigte.
	Selbst in extremen Stresssituationen und unter Zeitdruck erzielte er jederzeit außerordentliche Arbeitsergebnisse.
	Auch stärkstem Arbeitsanfall war er stets gewachsen.
gut	Wir haben ihn als einen ausdauernden und sehr belastbaren Mitarbeiter kennen gelernt, der auch unter Termindruck alle Aufgaben gut bewältigten konnte.
	Selbst in extremen Stresssituationen und unter Zeitdruck erzielte er jederzeit gute Arbeitsergebnisse.
	Auch starkem Arbeitsanfall war er stets gewachsen.

Note	Musterformulierung
befriedigend	Wir haben ihn als einen ausdauernden und belastbaren Mitarbeiter kennen gelernt, der auch unter Termindruck die vereinbarten Ziele erreichte.
	Auch starkem Arbeitsanfall war er gewachsen.
ausreichend	Wir haben sie als eine Mitarbeiterin kennengelernt, die ihre Aufgaben im Allgemeinen erfüllte und den normalen Anforderungen gewachsen war.
mangelhaft	Er bemühte sich auch unter Termindruck, die vereinbarten Aufgaben zu erfüllen.
	Dem üblichen Arbeitsanfall war Frau … im Wesentlichen gewachsen.

Leistungsbereitschaft – das „Wollen"

Neben dem „Können" gebührt auch dem „Wollen" – der Leistungsbereitschaft des Mitarbeiters, der Motivation – ein entscheidender Teil im Zeugnis. Hier geht es um Einsatzwillen, um Eigeninitiative.

Wie gehen Sie an Ihre Aufgaben heran? Sind Sie engagiert? Pflichtbewusst? Bereit, auch zusätzliche Aufgaben zu übernehmen? Oder bestehen Sie auf ein klar abgestecktes Aufgabenfeld, in dessen Grenzen Sie sich bewegen?

Note	Musterformulierung
sehr gut	Herr … zeichnete sich durch eine sehr hohe Arbeitsmoral aus und war jederzeit bereit, zusätzliche Aufgaben und Mehrarbeit zu übernehmen.
	Frau … zeigte bei der Erfüllung ihrer Aufgaben außergewöhnlich großes Engagement und Eigeninitiative.
	Frau … erfüllte ihren Aufgabenbereich mit außergewöhnlich viel Engagement und höchster Leistungsbereitschaft.
gut	Herr … zeichnete sich durch eine hohe Arbeitsmoral aus. Er war jederzeit bereit, zusätzliche Aufgaben und Mehrarbeit zu übernehmen.
	Frau … zeigte bei der Erfüllung ihrer Aufgaben großes Engagement und Eigeninitiative.
	Frau … erfüllte ihren Aufgabenbereich mit viel Engagement und hoher Leistungsbereitschaft.
befriedigend	Frau … war jederzeit motiviert und mit Arbeitseifer bei der Sache.
	Frau … zeigte bei der Erfüllung ihrer Aufgaben Engagement und Eigeninitiative.
ausreichend	Frau … war grundsätzlich motiviert und mit einigem Arbeitseifer bei der Sache.
	Frau … bemühte sich bei der Erfüllung ihrer Aufgaben um Engagement und Eigeninitiative.
mangelhaft	Frau … bemühte sich im Großen und Ganzen um Eigeninitiative.

Arbeitsweise und Zuverlässigkeit

Verschiedene Aufgaben und Funktionen bedingen unterschiedliche Arbeitsweisen. Was wird bei Ihrer Tätigkeit – in Ihrer Berufsgruppe – vorausgesetzt? Sorgfalt und Gewissenhaftigkeit? Präzision? Oder Selbstständigkeit, Ergebnisorientierung? Nicht zuletzt Verantwortungsbewusstsein und Zuverlässigkeit? Oder legt man in Ihrem Job eher Wert auf Kreativität oder Innovationsfreude?

Generell gilt: Je höher und verantwortungsvoller Ihre Stelle angesiedelt ist, desto selbstverständlicher sollte man von Ihrer Zuverlässigkeit ausgehen können. Bei bestimmten Berufsbildern nimmt die Zuverlässigkeit jedoch einen besonderen Stellenwert ein, zum Beispiel bei Mitarbeitern, die Einblick in sensible Daten (Personalsachbearbeiter, Buchhalter) haben.

Note	Musterformulierung
sehr gut	Sie arbeitete stets sehr gewissenhaft, effizient und zügig. Sie dachte jederzeit mit und erledigte ihre Arbeitsvorbereitungen selbstständig auf einem hohen Niveau.
	Er arbeitete stets sehr effizient, routiniert und zielstrebig.
	Ihre Arbeitsweise war stets äußerst strukturiert und selbstständig.

Note	Musterformulierung
gut	Sie arbeitete stets gewissenhaft, effizient und zügig. Sie dachte mit und erledigte ihre Arbeitsvorbereitungen selbstständig.
	Er arbeitete stets effizient, routiniert und zielstrebig.
	Ihre Arbeitsweise war stets sehr strukturiert und selbstständig.
befriedigend	Sie arbeitete gewissenhaft, effizient und zügig. Ihre Arbeitsvorbereitungen erledigte sie selbstständig.
	Ihre Arbeitsweise war strukturiert und selbstständig.
ausreichend	Sie arbeitete durchaus gewissenhaft und zügig. Ihre Arbeitsvorbereitungen erledigte sie im Wesentlichen selbstständig.
	Ihre Arbeitsweise war im Großen und Ganzen strukturiert.
mangelhaft	Sie bemühte sich stets um eine gewissenhafte Arbeitsweise.
	Ihre Arbeitsweise war häufig strukturiert.

Arbeitserfolg und die richtigen Arbeitsergebnisse

Auch Ihr beruflicher Erfolg sollte im Rahmen der Leistungsbeurteilung zum Ausdruck kommen. Bewertet werden hierbei Ihre Arbeitsqualität und Ihr Arbeitste[redacted] zudem die Arbeitsmenge.

Achtung

Eine Wertung Ihrer Arbeitsergebnisse kann auch indirekt und an anderen Stellen im Zeugnis erfolgen, zum Beispiel in der Schlussformel: „Für seine berufliche Zukunft wünschen wir ihm Erfolg." (Bei uns hatte er nämlich keinen!).

Wird Ihnen im Zeugnis eine effiziente und zügige Arbeitsweise bescheinigt, dann sollte auch die Arbeitsmenge und das Arbeitstempo gewürdigt werden. Andernfalls könnte ein kundiger Leser einen Widerspruch, und damit eine Abwertung Ihres Zeugnisses, vermuten.

Note	Musterformulierung
sehr gut	Sowohl in qualitativer als auch in quantitativer Hinsicht erzielte er jederzeit herausragende Arbeitsergebnisse.
	Die Ergebnisse ihrer Arbeit waren jederzeit von sehr guter Qualität.
	Seine Arbeitsqualität war stets – auch bei sehr komplexen Aufgaben – ausgesprochen hoch.
gut	Sowohl in qualitativer als auch in quantitativer Hinsicht erzielte er jederzeit gute Arbeitsergebnisse.
	Die Ergebnisse Ihrer Arbeit waren jederzeit von guter Qualität.
	Seine Arbeitsqualität war stets – auch bei sehr komplexen Aufgaben – von hoher Güte.

Note	Musterformulierung
befriedigend	Sowohl in qualitativer als auch in quantitativer Hinsicht erzielte er im Großen und Ganzen gute Arbeitsergebnisse.
	Die Ergebnisse ihrer Arbeit waren jederzeit von zufrieden stellender Qualität.
ausreichend	Sowohl in qualitativer als auch in quantitativer Hinsicht versuchte er in der Regel, unseren Erwartungen zu genügen.
	Die Ergebnisse ihrer Arbeit waren nicht zu beanstanden.
mangelhaft	Sowohl in qualitativer als auch in quantitativer Hinsicht versuchte er oft, unseren Erwartungen zu genügen.
	Die Ergebnisse Ihrer Arbeit entsprachen den Anforderungen.

Im Übrigen können auch besondere Arbeitserfolge dem Zeugnis eine individuelle Note geben. Denkbar wären hier zum Beispiel projekt- oder umsatzbezogene Erfolge, außergewöhnliche Verkaufsabschlüsse, bestimmte Produktentwicklungen oder Prozessoptimierungen sowie die Betreuung besonders wichtiger Kunden.

Beispiel

- *„Mit hohem persönlichem Einsatz konnte er so unsere Vormachtstellung auf dem lokalen Markt a[illegible]."*
- *„In den vergangenen zwei Jahren konnte [illegible] satzsteigerung von 25 Prozent erzielen."*

Die zusammenfassende Leistungsbeurteilung

Die zusammenfassende Leistungsbeurteilung ist die zentrale Aussage des Zeugnisses – die Gesamtnote. Personalprofis können hier mit einem Blick feststellen, wie Ihre Leistung insgesamt beurteilt wurde. Grund genug, diese Position im Zeugnis besonders genau unter die Lupe zu nehmen.

> **!** *Achtung*
>
> Fehlt die zusammenfassende Leistungsbeurteilung im Zeugnis, dann ist das ein deutlicher Hinweis darauf, dass diese schlecht ausgefallen wäre.

Die Note der zusammenfassenden Leistungsbeurteilung sollte in etwa der Durchschnittsnote aller zuvor abgehandelten Zeugnisschritte entsprechen. Es kann jedoch Gründe geben, von diesem Grundsatz abzuweichen.

> *Beispiel*
>
> *Guido Hausmann war lange Zeit bei der Spedition Müller als Lkw-Fahrer angestellt. Er verfügt über enorme Berufserfahrung und hat seine Aufträge stets zu aller Zufriedenheit ausgeführt. Insgesamt ein guter Mitarbeiter. Wenn nur nicht die häufigen Geschwindigkeitsübertretungen wären. Personalleiter Meier kann nicht anders, als ihm im Zeugnis mangelhafte Zuverlässigkeit zu bescheinigen. Auch wenn sämtliche anderen Zeugniskriterien mit sehr guten und guten Noten bewertet werden, in der zusammenfassenden Leistungsbeurteilung heißt es: „Herr Hausmann hat seine Aufgaben zu unserer Zufriedenheit erfüllt."*

Sicherlich ist auch Ihnen die Formulierung „... stets zu unserer vollsten Zufriedenheit ...“ bekannt. Auch wenn sie grammatikalisch durchaus falsch ist, so hat sie sich dennoch in der heutigen Arbeitszeugnispraxis durchgesetzt, um besonders gute Mitarbeiter auszuzeichnen. Aber Vorsicht: Viele Zeugnisempfänger achten nur darauf, dass diese Formulierung im Zeugnis enthalten ist. Wie bei den anderen zuvor erläuterten Beurteilungskriterien kann sich jedoch auch hier die Notenstufe durch den Zusatz oder das Weglassen von Wörtern entscheidend verändern. Überprüfen Sie daher Ihre „Gesamtnote“ ganz genau.

Achtung

Achten Sie stets darauf, dass Ihre positive Beurteilung durch eine zeitliche Komponente verstärkt wird. Dies erfolgt durch bestimmte Zeitwörter, zum Beispiel:

- stets,
- immer,
- jederzeit.

Auf der anderen Seite kann ein Zeugnisaussteller durch sprachliche Zusätze die positive Formulierung wieder einschränken. In Ihrer zusammenfassenden Leistungsbewertung sollten die folgenden Formulierungen nicht vorkommen:

- im Wesentlichen,
- im Großen und Ganzen,
- durchaus,

- teilweise,
- prinzipiell oder im Prinzip.

Manche Personaler greifen noch auf einen anderen Trick zurück, um zukünftige Arbeitgeber zu warnen: Sie stufen den Mitarbeiter herunter, indem sie zum Beispiel hinter den Satz: „Er erledigte seine Aufgaben stets zu unser vollen Zufriedenheit", noch einen weiteren Satz hinzufügen: „Besonders hervorheben möchten wir seine stets umfangreichen und detaillierten Projektberichte." Der Zusatz an dieser besonderen Position im Zeugnis bedeutet nichts anderes als: Achtung hier bewirbt sich ein äußerst pingeliger Mitarbeiter.

Note	Musterformulierung
sehr gut	Frau … erfüllte die ihr übertragenen Aufgaben stets zu unserer vollsten Zufriedenheit.
	Herr ... hat das in ihn gesetzte Vertrauen stets zu unserer vollsten Zufriedenheit erfüllt.
	Die Leistungen von Frau … verdienen in jeder Hinsicht unsere vollste Anerkennung.
gut	Frau … hat die ihr übertragenen Aufgaben stets zu unserer vollen Zufriedenheit erfüllt.
	Herr … hat das in ihn gesetzte Vertrauen stets zu unserer vollen Zufriedenheit erfüllt.
	Die Leistungen von Frau … verdienen in jeder Hinsicht unsere ganze Anerkennung.

Note	Musterformulierung
befriedigend	Frau … hat die ihr übertragenen Aufgaben jederzeit zu unserer Zufriedenheit bewältigt.
	Herr … hat das in ihn gesetzte Vertrauen zu unserer vollen Zufriedenheit erfüllt.
ausreichend	Frau … hat die ihr übertragenen Aufgaben zu unserer Zufriedenheit erledigt.
	Herr … hat das in ihn gesetzte Vertrauen zu unserer Zufriedenheit erfüllt.
mangelhaft	Frau … hat sich bemüht, die ihr übertragenen Arbeiten zu unserer Zufriedenheit zu erledigen.
	Herr … war stets bemüht, unseren Anforderungen gerecht zu werden.

Ihr Sozialverhalten unter der Lupe

Zukünftige Arbeitgeber wollen nicht nur eine Auskunft über Ihr Wissen, Ihre Erfahrungen, Ihre Leistungen. Sie möchten auch wissen, mit welcher Art Mensch sie es zu tun haben. Jetzt wird Ihr Sozialverhalten auf den Prüfstand gestellt. Können Sie sich in ein Unternehmen, in die dort herrschende Hierarchie, in ein Team einfügen? Wie ist Ihr Verhalten gegenüber Vorgesetzten? Wie ist das Verhältnis zu Ihren Kollegen?

Achtung

Sowohl Ihr Verhalten gegenüber Vorgesetzten als auch gegenüber Kollegen muss beurteilt werden. Fehlt eine

Gruppe, deutet das auf Schwierigkeiten hin. Die Vorgesetzten sollten zudem immer an erster Stelle stehen, sonst könnte man vermuten, dass Ihr Verhältnis nicht das beste war.

In vielen Berufsgruppen kommt es auch auf das sogenannte „externe Sozialverhalten" an: Wie sind Sie im Umgang mit Kunden, mit Geschäftspartnern oder mit Dienstleistern? Hier zählen u. a. Verhandlungsgeschick und Kommunikationsstärke, aber auch Kontaktfreudigkeit, Höflichkeit und Hilfsbereitschaft.

Achtung

Auch hier gilt: Wird keine Aussage zur Ihrer „persönlichen Führung" getroffen, so gilt dies als negative Aussage zu Ihren Lasten.

Note	Musterformulierung
sehr gut	Ihr persönliches Verhalten gegenüber Vorgesetzten und Kollegen war zu jeder Zeit und in jeder Hinsicht einwandfrei.
	Er war wegen seines freundlichen und kollegialen Wesens bei Vorgesetzten und Kollegen gleichermaßen geschätzt und beliebt.
	Sein persönliches Verhalten gegenüber Vorgesetzten, Geschäftspartnern und Kollegen war jederzeit einwandfrei und geprägt durch allseits anerkanntes, verbindliches und situationsgerechtes Auftreten.

Note	Musterformulierung
gut	Ihr persönliches Verhalten gegenüber Vorgesetzten und Kollegen war jederzeit einwandfrei.
	Sein kollegiales Wesen machte ihn bei Vorgesetzten und Kollegen beliebt.
	Sein persönliches Verhalten gegenüber Vorgesetzten, Geschäftspartnern und Kollegen war stets einwandfrei und geprägt durch verbindliches und situationsgerechtes Auftreten.
befriedigend	Ihr persönliches Verhalten gegenüber Kollegen und Vorgesetzten war einwandfrei.
	Ihr Verhalten gegenüber Vorgesetzten und Kollegen war jederzeit höflich und korrekt.
ausreichend	Ihr Verhalten zu Kollegen war einwandfrei.
	Ihr persönliches Verhalten gab zu Klagen keinen Anlass.
mangelhaft	Ihr persönliches Verhalten war im Wesentlichen einwandfrei.
	Er war stets um ein gutes Verhältnis zu seinen Kollegen und Vorgesetzten bemüht.

Um den Mitarbeiter genauer zu charakterisieren, können die Standard-Verhaltensfloskeln auch noch durch zusätzliche Formulierungen aufgewertet werden.

Beispiele

- *„Als allseits geschätzter Ansprechpartner war er stets hilfsbereit, vertrauenswürdig und verlässlich."*
- *„Insbesondere im Rahmen der Projektarbeit überzeugte sie uns von ihrer hohen sozialen Kompetenz. Stets wusste*

sie alle am Projekt Beteiligten mit Respekt, Teamgeist und Begeisterungsfähigkeit zu vollem Einsatz zu motivieren."

- *„Die Interessen des Unternehmens hatten für ihn jederzeit allerhöchsten Vorrang."*

Beendigungsgrund und Schlussformel

Den Abschluss eines Zeugnisses bilden zwei wesentliche Aspekte: der Grund für das Ausscheiden aus dem Unternehmen sowie die sogenannte Dankes-Bedauern-Zukunfts-Formel. Seien Sie versichert: Auch diesen Abschnitt lesen Personalprofis besonders aufmerksam. Entspricht er nicht den vorangegangenen Formulierungen im Zeugnis, wird ein zukünftiger Arbeitgeber stets die Aussagekraft des Zeugnisses in Frage stellen.

Achtung

Will der Arbeitgeber seine Wertschätzung ausdrücken, wird er stets alle Bestandteile der Schlussformulierung verwenden. Bei Mitarbeitern hingegen, deren Ausscheiden aus dem Unternehmen nicht ungelegen kommt, fällt die Schlussformulierung nur kurz und knapp aus. In besonders schwierigen Fällen wird auf den gesamten Abschnitt auch oftmals ganz verzichtet. Dieses Vorgehen ist regelmäßig als „bedeutungsstarke" Warnung zu verstehen.

Der Beendigungsgrund

Besonders kritisch wird der Grund für das Ausscheiden aus dem Unternehmen geprüft. Auch hier haben sich in der Zeugnispraxis bestimmte Standards entwickelt, die deutlich machen, ob der Mitarbeiter selbst gekündigt hat, ob ihm gekündigt wurde oder ob das Arbeitsverhältnis nur befristet war.

Der Idealfall im Arbeitszeugnis ist sicherlich eine Kündigung seitens des Mitarbeiters. Die Formulierung: „Er verlässt unser Unternehmen auf eigenen Wunsch", sollte jedoch immer mit einer Begründung versehen sein. Andernfalls könnte der Leser durchaus annehmen, der Mitarbeiter sei mit seiner Kündigung nur schneller gewesen als der Arbeitgeber.

> ***Beispiel***
>
> *Frau Müller verlässt uns auf eigenen Wunsch,*
>
> - *um ein Architektur-Studium aufzunehmen.*
> - *um sich selbstständig zu machen.*
> - *um sich neuen beruflichen Aufgaben zu stellen.*
> - *um sich beruflich zu verändern*

Vorsicht bei den letzten beiden Musterformulierungen. Achten Sie darauf, dass diese Sätze nur verwendet werden, wenn Sie tatsächlich direkt zu einem neuen Arbeitgeber wechseln. Sind Sie hingegen längere Zeit ohne Arbeit, sind diese Formulierungen nicht unbedingt glaubhaft.

Kritischer wird es jedoch, wenn eine Kündigung seitens des Arbeitgebers ausgesprochen oder ein Aufhebungsvertrag geschlossen wurde. Gleiches gilt für eine Beendigung des Arbeitsverhältnisses durch einen Vergleich im Kündigungsschutzprozess. Auch hier gibt es einige Formulierungen, die mit Vorsicht zu betrachten sind.

Beispiele

- *„Das Arbeitsverhältnis endet zum ... durch einvernehmliche Trennung."*
- *„Das Arbeitsverhältnis wurde zum ... einvernehmlich beendet."*
- *„Das Ausscheiden von Frau Müller erfolgte in gegenseitigem Einvernehmen."*

Es soll jedoch auch Fälle geben, in denen sich die Vertragsparteien tatsächlich einvernehmlich trennen. In einem solchen Fall empfiehlt sich die Formulierung: „Das Arbeitsverhältnis endet in beiderseitigem besten Einvernehmen."

Achtung

Wurde das Austrittsdatum nicht bereits im Einleitungssatz erwähnt, sollten Sie darauf achten, dass es zumindest an dieser Stelle genannt wird. Auch hier gilt: Vorsicht bei Terminen, die nicht den herkömmlichen Kündigungsfristen entsprechen. Sie deuten auf eine außerordentliche Kündigung hin.

Endet ein befristetes Arbeitsverhältnis zum vorbestimmten Zeitpunkt oder wurde dem Mitarbeiter aus betriebsbedingten Gründen gekündigt, sind die folgenden Formulierungen unproblematisch:

Beispiele

- *„Das Arbeitsverhältnis endet zum heutigen Tag aus betriebsbedingten Gründen."*
- *„Zu unserem größten Bedauern können wir Herrn Müller aufgrund der schlechten Konjunktur nicht länger bei uns beschäftigen. Das Arbeitsverhältnis endet aus betriebsbedingten Gründen zum ..."*
- *„Aufgrund größerer Umstrukturierungen können wir Frau Schmidt leider keine Perspektive mehr in unserem Unternehmen bieten und sehen uns leider gezwungen, das Arbeitsverhältnis betriebsbedingt zu beenden."*
- *„Das Arbeitsverhältnis endet mit Ablauf der vereinbarten Frist."*

Verzichtet der Arbeitgeber darauf, auf betriebsbedingte Gründe hinzuweisen, kann ein Satz wie zum Beispiel: „Das Arbeitsverhältnis endet zum ...", nur bedeuten, dass Gründe zu der Kündigung geführt haben, die in der Person oder im Verhalten des Mitarbeiters lagen.

Wir bedauern, danken und wünschen

Die Dankes-Bedauern-Zukunfts-Formel ist die Krönung eines jeden Zeugnisses. Nicht zuletzt, weil der Zeugnisaussteller hier noch einige persönliche und emotionale Akzente setzen kann, um das im Zeugnis gezeichnete Bild abzurunden. Aber auch hier gilt: Die verwendete Formulierung muss mit dem Rest des Zeugnisses übereinstimmen. Andernfalls zieht das Zeugnis ganz sicher das Misstrauen des Lesers auf sich. Dies gilt umso mehr, wenn gänzlich auf die Dank- und Zukunftswünsche verzichtet wird.

! *Achtung*

Sie haben leider kein einklagbares Recht auf Dankes- und Zukunftswünsche (BAG, Urteil vom 11.12.2012, Az. 9 AZR 227/11). Nach Ansicht des BAG handelt es sich hierbei um „persönliche Empfindungen des Arbeitgebers". Er mache damit seine Wertschätzung gegenüber dem Mitarbeiter und dessen Leistungen deutlich und zeige Teilnahme an dessen weiteren Lebensweg. Ohne gesetzliche Grundlage könne der Arbeitgeber nicht verurteilt werden, das Bestehen solcher Gefühle dem Arbeitnehmer gegenüber schriftlich zu bescheinigen (BAG, Urteil vom 20.02.2001, Az. 9 AZR 44/00).

Gerade weil kein Rechtsanspruch darauf besteht, werden zukünftige Arbeitgeber es positiv zu würdigen wissen, wenn Ihr Ausscheiden aus dem Unternehmen im Zeugnis bedauert und Ihnen für die geleistete Arbeit gedankt wird. Die meisten Unternehmen sind auch mittlerweile dazu übergegangen, entsprechende Schlussformulierungen im Zeugnis aufzunehmen.

Viele Arbeitnehmer achten jedoch nur darauf, dass im Zeugnis von Dank, Bedauern und den besten Wünschen die Rede ist. Doch Vorsicht: Auch hier entscheiden Nuancen über den eigentlichen Aussagegehalt des Schlusssatzes: So bedeutet: „Wir wünschen ihm in Zukunft viel Erfolg", nichts anderes als: „Bei uns hatte er nämlich keinen." Auch wenn auf Dank verzichtet wird, sagt das einiges über das Arbeitsverhältnis aus.

Um das besondere Bedauern über ein Ausscheiden ausdrücken, formulieren viele Arbeitgeber noch einen speziellen Zusatz:

Beispiele

- *„Wir würden Frau Salzmann jederzeit wieder in unserem Unternehmen beschäftigen."*
- *„Wir würden es begrüßen, wenn sich Herr Fleischmann bei erneutem Personalbedarf wieder bei uns bewirbt."*

Bewerten Sie eine solche Formulierung stets als besondere Wertschätzung Ihres Arbeitgebers.

Note	Musterformulierung
sehr gut	Wir danken ihm für die stets sehr gute Zusammenarbeit und bedauern, mit ihm einen ausgezeichneten Mitarbeiter zu verlieren. Auf seinem weiteren Berufs- und Lebensweg wünschen wir ihm alles Gute und weiterhin viel Erfolg.
	Wir verlieren in ihr eine sehr gute Mitarbeiterin und bedauern ihre Entscheidung außerordentlich. Für ihre berufliche und private Zukunft wünschen wir ihr alles erdenklich Gute und weiterhin viel Erfolg.
	Wir bedauern seinen Weggang außerordentlich und danken Herrn ... für seine äußerst wertvolle Arbeit. Für seine Zukunft wünschen wir ihm persönlich alles Gute und beruflich weiterhin viel Erfolg.

Note	Musterformulierung
gut	Wir danken ihm für die stets gute Zusammenarbeit und bedauern, mit ihm einen wertvollen Mitarbeiter zu verlieren. Auf seinem weiteren Berufs- und Lebensweg wünschen wir ihm alles Gute und weiterhin viel Erfolg.
	Wir verlieren in ihr eine gute Mitarbeiterin und bedauern ihre Entscheidung sehr. Für ihre berufliche und private Zukunft wünschen wir ihr alles erdenklich Gute und weiterhin viel Erfolg.
	Wir bedauern seinen Weggang sehr und danken Herrn ... für seine wertvolle Arbeit. Für seine Zukunft wünschen wir ihm persönlich alles Gute und beruflich weiterhin viel Erfolg.
befriedigend	Wir danken ihm für die langjährige Zusammenarbeit und bedauern, mit ihm einen guten Mitarbeiter zu verlieren. Auf seinem weiteren Berufs- und Lebensweg wünschen wir ihm alles Gute und weiterhin Erfolg.
	Wir verlieren in ihr eine gute Mitarbeiterin und bedauern ihre Entscheidung. Für ihre berufliche und private Zukunft wünschen wir ihr alles Gute und weiterhin Erfolg.
ausreichend	Wir danken ihm für seine Mitarbeit und wünschen ihm für die Zukunft alles Gute.
	Mit Dank für ihre Mitarbeit wünschen wir für die Zukunft viel Erfolg.
mangelhaft	Wir wünschen ihm für seine Zukunft viel Erfolg.
	Wir wünschen ihr, dass sie ihre Leistungsfähigkeit in Zukunft voll entfalten kann.

Besonderheiten bei Führungskräften

Selbstverständlich haben auch Führungskräfte und leitende Angestellte einen Anspruch auf ein Arbeitszeugnis. Aufgrund ihrer Funktion und ihrer Verantwortung sind jedoch andere Schwerpunkte als bei Tarifangestellten zu betonen.

Bereits die Tätigkeitsbeschreibung sollte deutlich machen, wie umfangreich der Aufgabenbereich und wie hoch der Grad der Entscheidungsfreiheit war. Auch die erteilten Vollmachten (Prokura, Generalvollmacht) sowie die Anzahl und Qualifikation der unterstellten Mitarbeiter sind an dieser Stelle zu nennen. Man geht in der Praxis davon aus, dass eine umfassende Darstellung der übertragenen Verantwortung wesentlich mehr über die Qualifikation einer Führungskraft aussagt als allgemeine Angaben über Leistung und Verhalten. Der erste Abschnitt nimmt bei Führungskräften also eine zentrale Rolle ein und sollte dementsprechend gewichtet sein.

Achtung

Sind Sie als Führungskraft im Unternehmen „gewachsen", sollte sich das im Zeugnis widerspiegeln: Beruflichen Stationen, Weiterbildungen, besondere Erfolge und Beförderungen müssen aufgenommen werden. Ein Führungskräftezeugnis kann daher auch einen Umfang von bis zu drei Seiten haben.

Auch wenn nicht alle Aspekte in einem Zeugnis genannt sein müssen: Die folgenden Anforderungen werden in der Regel an Führungskräfte von heute gestellt und sollten auch im Arbeitszeugnis eine Rolle spielen:

- strategisches und unternehmerisches Denken, Weitblick und ausgezeichnete Branchenkenntnisse,
- Entscheidungsfähigkeit und -freudigkeit sowie Initiative,
- Durchsetzungsvermögen, aber auch Kritikfähigkeit,
- rhetorische Fähigkeiten, Kommunikationsstärke und Verhandlungsgeschick,
- soziale Kompetenz und die Fähigkeit, Konflikte zu lösen.

Neben den herkömmlichen Beurteilungskriterien werden unbedingt auch Aussagen zu Ihrer Führungsqualität erwartet. Andere Mitarbeiter zu führen, sie also zielbewusst und verantwortungsvoll einzusetzen, ist mit die wichtigste Qualifikation, die man als Führungskraft beweisen sollte. Dennoch ist die Führungsleistung schwer zu beschreiben.

Achtung

Werden nur die Führungsumstände genannt, also die Zahl der unterstellten Mitarbeiter, wird jedoch mit keinem Wort auf die Führungsleistung eingegangen, so ist dies stets als Abwertung zu beurteilen.

Die Führungsleistung sollte vor allem Ihren Führungsstil und das Führungsergebnis näher beschreiben. Fehlt eine der beiden Komponenten, könnte dahinter eine versteckte Kritik an Ihrer Leistung als Vorgesetzter stecken. Die folgenden Fragen sollte ein Zeugnis beantworten können:

- Mit welchem Führungsstil – kooperativ/direktiv – haben Sie Ihre Mitarbeiter geführt?
- Konnten Sie Ihre Mitarbeiter zu sehr guten Leistungen motivieren?
- Haben Sie Ihre Mitarbeiter stets mit den notwendigen Informationen versorgt?
- Konnten Sie gut Aufgaben delegieren?
- Haben Sie das Arbeitsklima positiv beeinflusst?

Achtung

Auch Achtung und Anerkennung für Ihre Leistungen sind in einem Zeugnis angebracht – schließlich haben Sie über einen längeren Zeitraum hohe Verantwortung getragen und damit den Erfolg des Unternehmens (entscheidend) mitgeprägt.

Mit den folgenden Beispielformulierungen lässt sich eine sehr gute bis befriedigende Führungsleistung ausdrücken:

Note	Musterformulierung
sehr gut	Neben ihrer natürlichen Autorität besitzt Frau … die Fähigkeit, ihre Mitarbeiter richtig einzuschätzen und durch eine fachlich- und personenbezogene Führung stets zu sehr guten Leistungen zu motivieren.
	Aufgrund seiner Führungseigenschaften war Herr … als Vorgesetzter anerkannt und beliebt. Er verhielt sich seinen Mitarbeitern gegenüber stets offen und kollegial, verstand es aber dennoch, sich in schwierigen Situationen durchzusetzen und seine Mitarbeiter stets zu optimalem Arbeitseinsatz zu motivieren.
	Herr … war ein in hohem Maße geachteter und fürsorglicher Vorgesetzter. Er verstand es ausgezeichnet, Teamgeist zu wecken und durch laufende Verbesserungen im Arbeitsprozess die Effektivität seiner Abteilung zu steigern.
gut	Frau … motivierte die ihr unterstellten Mitarbeiter durch eine fach- und personenbezogene Führung stets zu guten Leistungen. Aufgaben und Verantwortung delegierte sie zielgerichtet.
	Herr … verstand es mit besonderem Geschick, seine Mitarbeiter zu anhaltend guten Leistungen zu führen, ein gutes Arbeitsklima zu schaffen und die Zusammenarbeit mit seinen Mitarbeitern auf eine vertrauensvolle Basis zu stellen.
	Ihre Abteilung erzielte unter ihrer Führung jederzeit gute Ergebnisse. Sie war als Führungskraft anerkannt und geschätzt.

Note	Musterformulierung
befriedigend	Herr ... war als Vorgesetzter anerkannt und beliebt. Er verstand es, seine Mitarbeiter zu motivieren und zu erfolgreichem Arbeitseinsatz zu führen.
	Frau ... führte ihre Abteilung zielgerichtet und konsequent zu voll zufrieden stellenden Arbeitsergebnissen.

Auf den Punkt gebracht

In der heutigen Zeugnispraxis haben sich verschiedene Standards durchgesetzt, die ein „fürsorglicher" Arbeitgeber beachten muss, will er auf wohlwollende Art und Weise seinen Mitarbeitern angemessene Zeugnisse ausstellen. Achten Sie unbedingt darauf, dass Ihr Arbeitgeber neben verschiedenen Formvorgaben (zum Beispiel Erstellung auf Firmenpapier, Maschinenschrift u. a.) auch eine ordnungsgemäße Beurteilung sämtlicher Leistungskriterien vorgenommen hat. Grundsätzlich sollten im Zeugnis Aussagen über Ihre fachlichen Kenntnisse und Fähigkeiten (Ihr „Können"), Ihre Arbeitsbereitschaft (Ihr „Wollen"), Ihre Arbeitsweise und Ihren Arbeitserfolg getroffen werden. Eine zusammenfassende Leistungsbeurteilung (die Gesamtnote) bildet den Abschluss der Leistungsbewertung und sollte in etwa den voranstehenden Beurteilungen entsprechen. Infolgedessen muss auch Ihr Führungsverhalten beurteilt sein. Den Abschluss bildet regelmäßig der Grund für die Beendigung des Arbeitsverhältnisses sowie eine Bedauern-, Dankes- und Wunschformulierung.

Was nicht im Zeugnis stehen darf

Auch wenn Ihr Arbeitgeber angehalten ist, alle wesentlichen Tatsachen und Bewertungen, die für Ihre Gesamtbeurteilung von Bedeutung sind, in das Arbeitszeugnis einfließen zu lassen, unterliegt er hierbei jedoch einigen allgemein gültigen Grundsätzen.

1. Die Bewertung muss sich auf den gesamten Zeitraum des Arbeitsverhältnisses beziehen. Bei einer langjährigen Unternehmenszugehörigkeit sollten zumindest die vergangenen zwei bis drei Jahre zur Beurteilung herangezogen werden.
2. Einmalige ungünstige Vorfälle, die nicht besonders schwer wiegen, dürfen im Zeugnis nicht erwähnt werden.
3. Beanstandungen, die längere Zeit zurückliegen, und die nicht charakteristisch für das sonstige Verhalten des Mitarbeiters sind, dürfen ebenfalls nicht genannt werden.
4. Negative Tatsachen dürfen nur dann aufgeführt sein, wenn der Arbeitgeber sie beweisen kann.
5. Das Privatleben des Mitarbeiters gehört generell nicht in ein Zeugnis. (Nur wenn das private Verhalten auf das Arbeitsverhältnis übergreift, zum Beispiel wenn man dem Mitarbeiter schlechte Leistungen vorwerfen kann, ist eine Aussage möglich.)

Unter dem Einfluss dieser Regeln haben sich in der Zeugnispraxis einige Punkte manifestiert, die grundsätzlich nicht im Zeugnis erwähnt werden dürfen. Doch auch hier ist Vorsicht geboten. Einige dieser negativen Tatsachen sind häufig in kodierten Formulierungen versteckt.

Abmahnungen

Abmahnungen dürfen grundsätzlich nicht explizit genannt oder angedeutet werden. Regelmäßig werden sie jedoch Einfluss auf die Leistungs- oder Verhaltensbeurteilung haben.

Alkoholgenuss und Drogenmissbrauch

Fällt der Alkohol- und Drogenkonsum in den privaten Bereich, haben Angaben darüber im Arbeitszeugnis überhaupt nichts zu suchen. Auch wenn der Mitarbeiter während der Arbeit hin und wieder trinkt, darf dies im Zeugnis nicht ausdrücklich erwähnt werden. Viele Personaler sind daher dazu übergegangen, derartige Tatsachen zu verklausulieren.

Beispiele

- *„Durch seine Geselligkeit/seine gesellige Art trug er stets zur Verbesserung des Betriebsklimas bei."*
- *„Aufgrund seiner gesundheitlichen Probleme mussten wir leider das mit ihm bestehende Arbeitsverhältnis auflösen."*

Nur wenn die Alkohol- oder Drogensucht direkten Einfluss auf das Arbeitsverhältnis hat bzw. ausschlaggebend für die Kündigung war, ist eine Ausnahme gerechtfertigt. Dies könnte zum Beispiel bei einem alkoholkranken Berufskraftfahrer oder einem untreuen Kassierer der Fall sein.

!

Achtung

Verschweigt der Arbeitgeber diese Tatsachen und es kommt in einem folgenden Arbeitsverhältnis erneut zu einer Verfehlung, kann der neuen Arbeitgeber den Zeugnisaussteller auf Schadenersatz verklagen, wenn er sich getäuscht fühlt.

Betriebsratszugehörigkeit

Die Zugehörigkeit zu einem Betriebsrat oder einer Personalvertretung darf sich nur dann in einem Zeugnis widerspiegeln, wenn der Arbeitnehmer dies ausdrücklich wünscht. Doch auch in dieser Hinsicht verwenden einige Personaler gerne bestimmte Formulierungen, die einem zukünftigen Arbeitgeber als Warnung dienen sollen.

Beispiele

- *„Sie trat sowohl innerhalb als auch außerhalb unseres Unternehmens engagiert für die Interessen der Kolleginnen und Kollegen ein."*
- *„Er hat sich stets für die Belange seiner Kollegen eingesetzt/engagiert."*

Etwas anderes gilt, wenn ein Mitarbeiter in den vergangenen Jahren für die Betriebsratsarbeit komplett freigestellt war. Für diesen Zeitraum kann der Arbeitgeber keine Leistungsbeurteilung abgeben, er kann aber auch nicht so tun, als ob er in diesem Zeitraum normal weitergearbeitet hätte. In diesen Fällen kann ein Arbeitgeber im Zeugnis schreiben, dass der Mitarbeiter die letzten Jahre vollständig freigestellt war, um ein Betriebsratsamt auszuüben (LAG Köln, Urteil vom 06.12.2013, Az. 7 Sa 583/12).

Krankheiten und krankheitsbedingte Fehlzeiten

Auch Angaben über Krankheiten oder krankheitsbedingte Fehlzeiten haben nichts im Arbeitszeugnis zu suchen, ganz gleich welche Ursache oder welchen Umfang sie haben bzw. wie lange sie zurückliegen.

Stehen krankheitsbedingte Fehlzeiten jedoch nicht im Verhältnis zur tatsächlichen Arbeitszeit, machen sie etwa die Hälfte der gesamten Beschäftigungszeit aus (Sächsisches LAG Urteil vom 30.01.1996 – 5 Sa 996/95), kann ein Vermerk im Zeugnis ausnahmsweise zulässig sein.

> *Beispiel*
>
> *„Er war am ... als ... bei uns eingestellt worden." (Durch das Weglassen des Austrittsdatums und die Verwendung des Plusquamperfektes wird eine längere Unterbrechung angedeutet.)*

Kündigungsgründe

Auch die Gründe, die zur Kündigung des Arbeitsverhältnisses geführt haben, dürfen nur auf Wunsch des Arbeitnehmers im Zeugnis aufgeführt werden. Auch wenn dem Mitarbeiter fristlos gekündigt wurde, darf diese Tatsache nur durch die Angabe eines ungewöhnlichen (krummen) Kündigungsdatums zum Ausdruck kommen.

Parteizugehörigkeit oder Religionszugehörigkeit

Ob Parteimitglied oder Konfession – das gehört zum Privatleben eines jeden Mitarbeiters und hat im Zeugnis nichts verloren.

Straftaten

Straftaten, die im Zusammenhang mit dem Arbeitsverhältnis stehen, sind im Zeugnis anzugeben. Auch hier riskiert der Arbeitgeber Schadenersatzansprüche eines zukünftigen Arbeitgebers, wenn er auf bestimmte Vorfälle, wie zum Beispiel Diebstahl, Unterschlagung oder Untreue nicht hinweist. Um einer wohlwollenden Bewertung gerecht zu werden, verwenden viele Personaler auch an dieser Stelle verschlüsselte Formulierungen.

> *Beispiel*
>
> *„Er hat alle Aufgaben in seinem und im Interesse der Firma gelöst."*

Unzulässige Geheimzeichen

Bestimmte Geheimzeichen sind schon per Gesetz verboten (§ 109 GewO). Danach darf ein Zeugnis keine Merkmale oder Formulierungen enthalten, die den Arbeitnehmer anders als im Zeugnistext kennzeichnen. Die folgenden Geheimzeichen sind nicht erlaubt:

- Häkchen nach rechts (rechts stehende Partei),
- Häkchen nach links (links stehende Partei),

- Doppelhäkchen nach links (linksgerichtete verfassungsfeindliche Organisation),
- senkrechter Strich links neben Unterschrift (Gewerkschaft).

Darüber hinaus darf der Zeugnistext weder unterstrichen, kursiv gedruckt oder gefettet werden. Auch Ausrufe-, Frage- und Anführungszeichen sind unzulässig.

Auf den Punkt gebracht

Auch wenn das Zeugnis auf den ersten Blick in Ordnung scheint, sollten Sie es dennoch genau prüfen: Verschiedene Verschlüsselungstechniken, wie zum Beispiel Auslassungen oder Hervorhebung von Unwichtigem, ermöglichen dem Zeugnisaussteller ganz leicht eine Abwertung Ihrer scheinbar guten Leistung. Auch die Verwendungbestimmter „Codes" oder Geheimzeichen kann dazu führen, dass im Zeugnis negative Aussagen über Sie getroffen werden. Schließlich sollten Sie noch prüfen, ob Ihr Zeugnis unzulässige Angaben beinhaltet. So haben unter anderem Abmahnungen oder private Angelegenheiten im Zeugnis nichts zu suchen.

Selbstcheck: Ist mein Zeugnis vollständig?

Sie haben in diesem Kapitel alle wichtigen Leistungs- und Bewertungskriterien kennen gelernt. Und Sie wissen nun, an welchen Stellen Sie besonders Acht geben müssen, ob Ihr Arbeitgeber versteckte Hinweise eingefügt hat. Anhand der folgenden Checkliste können Sie jetzt überprüfen, ob Ihr Arbeitszeugnis alle wesentlichen Punkte enthält. Sind Sie unzufrieden, sollten Sie Ihrem Arbeitgeber Ihre Änderungswünsche schnellstmöglich schildern, ggf. Klage einreichen. Achtung: Nicht alle Änderungen können Sie gerichtlich durchsetzen.

Checkliste: Ist mein Zeugnis vollständig?	Ja	Nein
Verwendet der Aussteller die richtige Überschrift (Zeugnis oder Arbeitszeugnis)?		
Ist der Einleitungssatz in Ordnung, d. h. wurde auf versteckte Hinweise, auf Passivformulierungen verzichtet? Sind die Angaben richtig?		
Enthält die Unternehmensbeschreibung alle notwendigen Fakten, um branchenfremden Arbeitgebern einen guten Einblick zu geben?		
Werden alle wichtigen Tätigkeiten im Aufgabenprofil beschrieben?		
Verzichtet man hier auf unwichtige Nebentätigkeiten?		

Checkliste: Ist mein Zeugnis vollständig?	Ja	Nein
Werden Aussagen über Ihr Fachwissen, Ihre Berufserfahrung sowie Ihre speziellen Kenntnisse und Fähigkeiten getroffen?		
Werden Ihnen eine schnelle Auffassungsgabe, ein sicheres, analytisches Urteils- und Denkvermögen bescheinigt?		
Werden Aussagen über Ihre Belastbarkeit getroffen?		
Beschreibt man Sie als engagierten und hoch motivierten Mitarbeiter?		
Bestätigt man Ihnen eine sorgfältige, routinierte, selbstständige oder auch effektive Arbeitsweise? Gelten Sie als zuverlässig und vertrauenswürdig?		
Werden im nächsten Schritt Aussagen zu Ihrem Arbeitserfolg getroffen – Qualität der Arbeitsergebnisse, Arbeitstempo, Arbeitsmenge?		
Werden besondere Arbeitserfolge hervorgehoben?		
Enthält Ihr Zeugnis eine zusammenfassende Leistungsbeurteilung? Entspricht diese in etwa den zuvor beurteilten einzelnen Leistungskriterien?		

Checkliste: Ist mein Zeugnis vollständig?	Ja	Nein
Enthält die zusammenfassende Leistungsbeurteilung bestimmte Zeitwörter wie stets, immer oder jederzeit? Hat man auf tückische Zusätze verzichtet, die die Aussage wieder relativieren könnten?		
Bescheinigt man Ihnen ein einwandfreies Sozialverhalten gegenüber Vorgesetzten und Kollegen, ggf. auch gegenüber Dritten? Wird der Vorgesetzte an erster Stelle genannt?		
Kommt zum Ausdruck, wer das Arbeitsverhältnis beendet hat bzw. hat der Arbeitgeber einen bestimmten Kündigungsgrund nach Ihrem Willen angegeben bzw. weggelassen?		
Drückt der Arbeitgeber sein Bedauern über Ihren Weggang aus?		
Dankt er Ihnen für Ihre geleistete Arbeit?		
Wünscht er Ihnen weiterhin viel Erfolg o. Ä. für Ihre Zukunft?		
Sind Ausstellungsort und -datum genannt? Entspricht das Ausstellungsdatum in etwa Ihrem Austrittsdatum?		
Wurde das Zeugnis von einer ranghöheren Person unterzeichnet?		

Was ist beim Zwischenzeugnis anders?

Auch wenn das Zwischenzeugnis im Wesentlichen wie ein herkömmliches Arbeitszeugnis aufgebaut ist, so gelten hier doch einige Besonderheiten. Diese sind ganz einfach dem Umstand geschuldet, dass das Zwischenzeugnis während eines bestehenden Arbeitsverhältnisses ausgestellt wird.

Achtung

Erfahrungen haben gezeigt, dass Zwischenzeugnisse regelmäßig sehr viel besser ausfallen als Endzeugnisse. Viele Arbeitgeber wollen mit einem besonders wohlwollenden Zwischenzeugnis ihre Mitarbeiter zu weiteren guten Leistungen anspornen bzw. dafür Sorge tragen, dass sie im Unternehmen bleiben. Nutzen Sie daher jede Chance auf ein aktuelles Zwischenzeugnis.

Neben der Überschrift Zwischenzeugnis ist die zu verwendende Zeitform einer der wesentlichen Unterschiede zum Endzeugnis. Im Großen und Ganzen müssen die Zeugnisaussagen im Präsens, in der Gegenwartsform, formuliert sein. Dies betrifft sowohl den Einleitungssatz als auch die einzelnen Leistungsbewertungen inklusive zusammenfassender Leistungsbeurteilung sowie die Bewertung des Sozialverhaltens.

Beispiel

„Frau Yvonne Wiegand, geb. am 30.8.1975, ist seit dem 2.1.2007 in unserem Unternehmen als Produktmanagerin tätig. In dieser Funktion übernimmt sie folgende Aufgaben: ..."

Das Imperfekt wird nur für abgeschlossene Vorgänge verwendet, zum Beispiel wenn Sie zuvor für andere Aufgaben zuständig waren oder eine andere Stellung innehatten.

Beispiel

„Frau Yvonne Wiegand, geb. am 30.8.1975, ist seit dem 2.1.2012 in unserem Unternehmen tätig. Sie wurde zunächst mit den Aufgaben einer Junior Produktmanagerin betraut. Auf Grund ihrer sehr guten Leistungen wurde sie zum 2.1.2014 zur Produktmanagerin befördert. In dieser Funktion übernimmt sie folgende Aufgaben: ..."

Weitere Unterschiede finden Sie im Schlussabsatz: Anstelle eines Beendigungsgrundes sollte hier in der Regel aufgeführt werden, warum das Zwischenzeugnis ausgestellt wurde.

Beispiele

- *„Dieses Zwischenzeugnis wird Frau Meier aufgrund eines Vorgesetztenwechsels ausgestellt."*
- *„Auf Wunsch von Herrn Rothe stellen wir dieses Zwischenzeugnis anlässlich seiner Beförderung zum Leiter der Abteilung Rechnungswesen aus."*
- *„Wunschgemäß stellen wir Frau Sommer dieses Zwischenzeugnis aus, da sie in Kürze ihre Elternzeit antreten wird."*

Auch wenn im Zwischenzeugnis auf eine Formulierung des Bedauerns verzichtet werden sollte (schließlich verlassen Sie das Unternehmen ja nicht), so ist auch hier eine wertschätzende Schlussformulierung äußerst wünschenswert. Wie gesagt, ein Zwischenzeugnis kann mitunter auch der Motivation des Mitarbeiters dienen, und dies sollte ein Arbeitgeber besonders durch die Formulierung von Dankes- und Zukunftswünschen zum Ausdruck bringen.

Beispiele

- *„Gerne nutzen wir diese Gelegenheit, um ihr für die bisher geleistete hervorragende Arbeit zu danken, und wünschen ihr in unserem Unternehmen auch weiterhin sehr großen Erfolg."*
- *„Wir danken ihr für ihre bisherigen hervorragenden Leistungen und hoffen auch weiterhin auf eine gute Zusammenarbeit."*

Einen Rechtsanspruch auf eine solche Schlussformulierung haben Sie jedoch auch hier nicht.

Auf den Punkt gebracht

Das Zwischenzeugnis entspricht in Form und Aufbau einem Endzeugnis, kleine Unterschiede gibt es jedoch bei der Überschrift, der Einleitung und dem Schlussabsatz. Generell sollten Zwischenzeugnisse statt in der Vergangenheitsform stets im Präsens formuliert sein.

Auf dem Prüfstand: Wie gut ist mein Zeugnis wirklich?

Sie halten Ihr Zeugnis in den Händen. Auf den ersten Blick sieht es ansprechend aus. Es wurde ordnungsgemäß auf Firmenpapier erstellt, es ist weder gefaltet noch enthält es Flecken oder ähnliche Makel. Mithilfe der vorherigen Kapitel haben Sie außerdem festgestellt, dass von der Überschrift bis zur Schlussformel alle wesentlichen Punkte enthalten sind. Auch der richtige Vorgesetzte hat das Zeugnis mit seiner Überschrift bestätigt. Eigentlich könnten Sie zufrieden sein. Ein paar Zweifel bleiben jedoch: Was, wenn der Personalchef ein paar Formulierungen verwendet hat, die auf den ersten Blick gut klingen, hinter denen sich jedoch eine ganz andere Aussage verbirgt. Von diesem Geheimcode bei Arbeitszeugnissen hat man ja schon viel gehört.

In der Tat: Prüfen Sie jedes Zeugnis sofort nach Erhalt auf Herz und Nieren. Dieses Kapitel soll Ihnen dabei helfen zu erkennen, ob Ihr ehemaliger Arbeitgeber versteckte Hinweise oder Geheimzeichen eingefügt hat. Zudem erhalten Sie einen Überblick über die Angaben, die nichts im Zeugnis zu suchen haben.

Gibt es wirklich einen Geheimcode?

Es gibt ihn und es gibt ihn nicht. Die Wahrheit ist: Der oben beschriebene Konflikt, Zeugnisse sowohl wahrheitsgetreu, als auch wohlwollend zu formulieren, hat dazu geführt, dass sich in der Praxis eine besondere Zeugnissprache eingebürgert hat – einem Geheimcode nicht ganz unähnlich. Viele

Arbeitgeber sind dazu übergangen, negative Aussagen auf eine ganz bestimmte Art und Weise zu übermitteln. Was auf den ersten Blick durchaus positiv klingt, kann sich bei einer genauen Prüfung als das komplette Gegenteil erweisen. In erster Linie lassen sich derartige Verschlüsselungen durch das Weglassen von Superlativen oder die Verwendung bestimmter sprachlicher Zusätze (zum Beispiel im Wesentlichen, im Großen und Ganzen, durchaus) darstellen. Diese Art von „Code" haben Sie bereits im Kapitel „So sollte ein Zeugnis aussehen" kennen gelernt. Es gibt jedoch noch einige andere – raffiniertere – Methoden, die in der Zeugnispraxis verwendet werden – und die definitiv nicht auf den ersten oder zweiten Blick ersichtlich werden. Grund genug, Ihr Zeugnis noch einmal sorgfältig zu durchleuchten!

Die wichtigsten Verschlüsselungstechniken

Wie sage ich positiv, dass mein Mitarbeiter nicht einmal zu den einfachsten Tätigkeiten zu gebrauchen ist? Wie drücke ich aus, dass ein Querulant, ein Drückeberger oder einfach ein schwieriger Mitarbeiter um ein Zeugnis gebeten hat? Nicht selten stehen Arbeitgeber vor diesem Problem. Neben sprachlichen Feinheiten nutzen sie auch häufig sogenannte Verschlüsselungstechniken, die in besonderem Maße auf bestehende Probleme aufmerksam machen können. Insgesamt werden in der Zeugnisliteratur neun verschiedene Verschlüsselungsmethoden definiert.

Die Positiv-Skala-Technik

Eine Methode ist die Positiv-Skala-Technik. Im Wesentlichen wird hierbei das ganze Beurteilungsspektrum positiver und negativer Aussagen auf einen feiner unterteilten Positivbereich übertragen. Anstelle der bekannten Schulnoten „sehr gut" bis „mangelhaft" treten feiner differenzierte „gute" Zensuren: zum Beispiel „im Wesentlichen gut", „noch gut" und „teilweise gut". Es kommt also nicht darauf an, dass ein Mitarbeiter gelobt wird, sondern in welchem Maße er gelobt wird.

Beispiel

„Die Qualität ihrer Arbeit war im Wesentlichen gut."

Die wohl bekannteste Positiv-Skala ist das Zufriedenheitsbarometer im Rahmen der zusammenfassenden Leistungsbeurteilung. Die Abstufung erfolgt hier in der Regel durch den Zufriedenheitsgrad von („vollstens zufrieden" bis „insgesamt zufrieden") sowie durch den Zeitfaktor (stets, jederzeit).

Die Leerstellentechnik

Bei der Leerstellentechnik wird anstelle einer negativen überhaupt keine Aussage gemacht. Meistens will der Schreiber damit einer deutlichen Kritik ausweichen. Trifft er zum Beispiel keine Aussage über das Sozialverhalten, so ist dies in der Regel ein Indiz für Probleme mit Vorgesetzten oder Kollegen. Man spricht hier im Übrigen auch von „beredtem Schweigen".

Die Reihenfolgetechnik

Bei der Reihenfolgetechnik werden unwichtige oder weniger bedeutende Angaben vor die wirklich wichtigen Aussagen gesetzt. Besonders oft wird diese Methode bei der Tätigkeitsbeschreibung eingesetzt: Belanglose Nebentätigkeiten stehen an erster Stelle, noch vor den eigentlichen Hauptaufgaben. Das ist eine klare Abwertung Ihrer Kompetenz! Die Reihenfolgetechnik kann auch in Bezug auf den Zeugnisaufbau angewendet werden, zum Beispiel wenn das Verhalten vor der Leistung beurteilt wird.

Die Knappheitstechnik

Ein knappes Zeugnis (zum Beispiel eine halbe Seite) ist auch ein deutliches Zeichen für eine Abwertung Ihrer Mitarbeit – selbst wenn sämtliche vorgeschriebenen Elemente enthalten sind. Hier hat sich der Arbeitgeber scheinbar keine Mühe gegeben, ein individuelles Zeugnis zu erstellen. Alle Sätze sind kurz und allgemein formuliert.

Die Ausweichtechnik

Eine Abwertung wird hier dadurch erreicht, dass Unwichtiges oder Selbstverständliches anstelle von Wichtigem hervorgehoben ist. Lobt der Verfasser zum Beispiel bei einem IT-Administrator dessen hervorragende IT-Kenntnisse, sollte das bei einem kundigen Leser einige Zweifel entstehen lassen.

Andeutungstechnik

Bei dieser Technik werden dem Leser durch die Verwendung doppeldeutiger Formulierungen negative Rückschlüsse nahegelegt.

Beispiel

- *Sie ist eine eifrige Mitarbeiterin. (= bemüht sich)*
- *Er hatte Gelegenheit ... (= hat diese aber nicht genutzt)*

Unter diese Vorgehensweise fallen außerdem die Passivkonstruktionen (wurde bei uns beschäftigt, ihm wurde übertragen) sowie die Negationsmethode, also die Verneinung des Gegenteils (nicht unbedeutende Erfolge) oder negative besetzter Worte (Sein Verhalten war ohne Tadel.).

Die Widerspruchtechnik

Achten Sie besonders auf mögliche Widersprüche im Zeugnis. Sie können an vielen Stellen lauern.

- Trotz leitender Funktion hat der Mitarbeiter tatsächlich untergeordnete Tätigkeiten verrichtet.
- Trotz einer sehr guten Beurteilung der einzelnen Leistungen wird ihm insgesamt nur ein „voll befriedigend" erteilt.
- Trotz sehr guter Leistungs- und Verhaltensbeurteilung erfolgt im Schlusssatz keine Dankes- und Bedauernsformel.

Achtung: Verschlüsselte Botschaften

Neben den eben erläuterten Techniken werden besonders negative Aussagen in der Zeugnissprache tatsächlich kodiert. Diese Formulierungen sollten Sie unbedingt mit Vorsicht genießen.

Das steht im Zeugnis	Das ist gemeint
Er erledigte alle Aufgaben pflichtbewusst und ordnungsgemäß.	keine eigene Initiative
Sie führte die ihr übertragenen Arbeiten mit großem Fleiß und Interesse durch.	Aber ohne Erfolg!
Er arbeitete sehr genau und erledigte seine Aufgaben ordnungsgemäß.	uneffektiv und bürokratisch
Wegen seiner Pünktlichkeit war er stets ein gutes Vorbild.	Aber nur deswegen!
Er hat sich im Rahmen seiner Fähigkeiten eingesetzt.	Und die waren beschränkt.
Er bemühte sich, unseren Anforderungen gerecht zu werden.	Versager
Er war sehr tüchtig und wusste sich gut zu verkaufen.	Unangenehmer Typ
Ihre umfangreiche Bildung machte sie stets zu einer gesuchten Gesprächspartnerin.	Tratschtante
Er war sehr tüchtig und in der Lage, seine eigene Meinung zu vertreten.	nicht kritikfähig
Ihre Auffassungen wusste sie intensiv zu vertreten.	übersteigertes Selbstbewusstsein

Das steht im Zeugnis	Das ist gemeint
Er verstand es, alle Aufgaben mit Erfolg zu delegieren.	Drückeberger
Sie hat alle Aufgaben in ihrem und im Firmeninteresse gelöst.	Langfinger!
Er ist ein anspruchsvoller und kritischer Mitarbeiter.	Er nörgelt.
Im Kollegenkreis galt er als toleranter Mitarbeiter.	Probleme mit dem Chef
Vorgesetzten und Kollegen war er durch seine aufrichtige und anständige Gesinnung stets ein angenehmer Mitarbeiter.	Faulpelz
Wir lernten sie als umgängliche Kollegin kennen.	total unbeliebt
Mit seinen Vorgesetzten ist er gut zurechtgekommen.	Mitläufer
Bei unseren Kunden war er schnell beliebt.	keine Verhandlungsstärke
Für die Belange der Belegschaft bewies er stets Einfühlungsvermögen.	sexuelle Kontaktfreudigkeit
Für die Belange der Belegschaft bewies er/sie ein umfassendes Einfühlungsvermögen.	homosexuell/ lesbisch
Sie trat engagiert für die Interessen der Kollegen ein.	Betriebsratsmitglied
Durch seine Geselligkeit trug er zur Verbesserung des Betriebsklimas bei.	Alkohol!
Er stand stets voll hinter uns.	Nochmal Alkohol!

Was die Länge eines Zeugnisses aussagt

Auch aus dem Umfang eines Arbeitszeugnisses lassen sich durchaus einige Erkenntnisse ziehen. Haben Sie zum Beispiel eine lange Zeit für ein Unternehmen gearbeitet, dann sollte sich das auch in Ihrem Zeugnis widerspiegeln. Schließlich haben Sie doch im Verlauf der Jahre eine Vielzahl von Aufgaben erledigt und einige Erfolge errungen. Kurz: Nach langjähriger Tätigkeit sollte es einiges zu bewerten geben. Erhalten Sie dagegen nur ein „mageres" Zeugnis mit leeren Phrasen, so wird das Ihren Leistungen wohl kaum gerecht werden. Bei zukünftigen Arbeitgebern wird es auf jeden Fall offene Fragen aufwerfen. Auch als Führungskraft und leitender Angestellte müssen Sie darauf achten, dass Ihr Zeugnis eine Ihrer Position entsprechende Länge und Ausführlichkeit aufweist. Mit einer halben Seite dürfen Sie sich auf keinen Fall zufriedengeben.

> **!** *Achtung*
>
> Je nach Position und Verantwortung ist ein Zeugnis von einer bis zwei Seiten Umfang als angemessen.

Was für die Gesamtlänge eines Zeugnisses gilt, betrifft auch die einzelnen Abschnitte: Achten Sie stets darauf, dass zwischen Tätigkeitsprofil und Leistungsbeurteilung ein ausgewogenes Verhältnis besteht. Enthält Ihr Zeugnis hingegen eine zu detaillierte Aufzählung Ihrer Tätigkeiten, die Beurteilung fällt hingegen knapp aus, so bedeutet das nichts anderes als: „Er hatte zwar zahlreiche Aufgaben, aber über seine Leistungen können wir nicht viel sagen."

Ich soll mein Zeugnis selbst schreiben

Auch wenn die Ausstellung des Zeugnisses in erster Linie Aufgabe der Personalabteilung obliegt, ist es in vielen Unternehmen mittlerweile gang und gäbe, ihre Mitarbeiter um einen Zeugnisentwurf zu bitten. Die Gründe hierfür gestalten sich vielfältig. Zum einen kann Sie die Personalabteilung oder Ihr Vorgesetzter um Ihre Hilfe bitten, weil sich neben dem Tagesgeschäft einfach keine Zeit findet, sich Gedanken über ein Zeugnis zu machen. Häufig kann der Vorgesetzte aber auch den gesamten Beurteilungszeitraum nicht persönlich beurteilen, weil er erst später ins Unternehmen eingetreten ist. Welche Gründe auch immer vorliegen, Sie sollten die Chance auf jeden Fall nutzen.

Achtung

Rechtlich ist die Selbstbeurteilung kein Problem. Schließlich bleibt Ihr eigenständig geschriebenes Zeugnis immer nur ein Entwurf. Was am Ende zählt, ist das vom Arbeitgeber unterschriebene Zeugnis – und dafür ist allein der Aussteller verantwortlich.

Für die meisten Mitarbeiter scheint die Erstellung eines Zeugnisentwurfs auf den ersten Blick von Vorteil, schließlich können sie auf diese Weise auf ihre weiteren Karrierechancen gezielt Einfluss nehmen. Wer sich jedoch mit den Eigenheiten der Zeugnissprache nicht im Detail auskennt, gerät bei der Formulierung unweigerlich ins Stolpern.

Für alle, die (vielleicht zum ersten Mal) vor der Aufgabe stehen, ein Zeugnis selbst zu erstellen, sollen die folgenden Tipps eine Unterstützung bieten.

Nutzen Sie Ihre Karrierechance

Mit einem selbst geschriebenen Zeugnis haben Sie die einmalige Chance, offensiv in Ihren zukünftigen Karriereverlauf einzugreifen. Anstelle eines vielleicht halbherzig formulierten Zeugnisses können Sie selbst für einen individuellen Beurteilungstext sorgen. Nur Sie wissen, welche Aspekte Ihrer bisherigen Tätigkeit, welche Erfahrungen und Erfolge für Ihre berufliche Zukunft bedeutsam sind.

! *Achtung*

Wie wäre es mit Eigeninitiative: Fragen Sie Ihren Chef, ob Sie ihm Arbeit abnehmen können und bieten Sie ihm einen Zeugnisentwurf an. Die meisten Arbeitgeber werden mit Freude einwilligen. Ein Grund mehr, Ihnen gute Leistungen zu bestätigen.

Keine Scheu vor dem Zeugnisentwurf

Sicherlich sollten Sie der Erstellung Ihres Zeugnisses nicht leichtfertig begegnen. Gerade die viel zitierte Zeugnissprache birgt doch einige Gefahren, wenn man sich nicht damit auskennt. Nach dem Kapitel „Auf dem Prüfstand: Wie gut ist mein Zeugnis wirklich?" sollten Sie jedoch bezüglich möglicher Fehlern hinreichend sensibilisiert sein und sie zu vermeiden wissen. Sind Sie dennoch unsicher, überprüfen Sie Ihr Zeugnis noch einmal ganz in Ruhe.

Achtung

Bitten Sie doch einen Vertrauten, Ihr Zeugnis gegenzulesen oder lassen Sie Ihr Zeugnis von einem Profi überprüfen. Im Internet finden Sie Anbieter, die gegen Honorar eine Zeugnisanalyse vornehmen bzw. auch Zeugnisse formulieren. Eine kostengünstigere Variante gibt es in verschiedenen Foren oder Blogs im Internet: Auch hier findet sich in der Regel stets ein Kundiger, der bereit ist, Ihnen Auskunft zu geben. Doch Vorsicht: Nicht alle Antworten, die hier gutherzig veröffentlicht werden, entsprechen der Wahrheit.

Sich selbst richtig einschätzen

Die richtige Einschätzung der eigenen Person gilt mit Sicherheit zu den schwierigsten Hürden, die Sie bei der Erstellung Ihres Zeugnisses meistern müssen. Nicht jedem fällt es leicht, seine eigenen Leistungen und Fähigkeiten auf diese Art und Weise zu lobhudeln. Andere wiederum neigen zur Übertreibung und gefährden damit die Glaubhaftigkeit des Zeugnisses.

Beispiel

„Mit den Leistungen von Michael Ackermann waren wir vollstens zufrieden. Er war der beste Programmierer in seiner Abteilung."

Sowohl Bescheidenheit als auch Übermut sind jedoch gänzlich fehl am Platz. Was zählt, ist eine glaubwürdige Darstellung der eigenen Leistung. Fragen Sie daher Vertraute nach ihrer Einschätzung.

Den richtigen Aufbau des Zeugnisses beachten

Die voranstehenden Kapitel haben Ihnen bereits einen umfassenden Eindruck über die notwendigen Bestandteile eines Arbeitszeugnisses vermittelt. Achten Sie besonders darauf, dass Sie keines der Beurteilungskriterien vergessen, dass Einleitungssatz und Schlussformel keine ungewollten Wertungen enthalten und dass die Formalien (zum Beispiel Überschrift, Ausstellungsdatum, Unterschrift) stimmen. Nutzen Sie zu Ihrer Überprüfung die Checklisten „Ist das Zeugnis formal in Ordnung?" und „Ist mein Zeugnis vollständig?".

Die beiden folgenden Zeugnisbeispiele sollen Ihnen noch einige Impulse für ein aussagekräftiges Zeugnis geben.

> *Beispiel*
>
> *Frau Judith Meier, geboren am 17.5.1973, war in der Zeit vom 1.06.2012 bis zum 31.12.2015 in unserem Unternehmen als Projektkoordinatorin für unsere verschiedenen Gewürzmarken tätig.*
>
> *Die Exklusiv-Gewürz GmbH ist ein traditionelles Familienunternehmen mit Sitz in Hamburg. Mit rund 150 Mitarbeitern entwickeln wir hochwertige Gewürzmischungen, die über den Einzelhandel, aber auch direkt an Gastronomiebetriebe vertrieben werden.*

Als Projektkoordinatorin für die Gewürzlinien Salze und Kräuter oblag Frau Meier ein umfangreicher Verantwortungsbereich. Sie war im Wesentlichen für folgende Aufgaben zuständig:

- *Vertriebscontrolling (Produkte, Aktionen, Absatzkanäle),*
- *Forecast-Planung auf Produktebene,*
- *Erstellung von Präsentationen und Verkaufsunterlagen,*
- *Konzeption und Umsetzung von Vertriebsmailings (Abstimmung mit der Agentur, Erstellung der Adressdateien, Koordination),*
- *interne Kommunikation zwischen Marketing und Vertrieb sowie zwischen Innen- und Außendienst des Vertriebs,*
- *Planung und Organisation von Außendienst-Tagungen,*
- *Organisation der Messeauftritte bei Fachmessen sowie Messebesetzung.*

Neben der Prämienabrechnung für den Außendienst plante Frau Meier darüber hinaus auch die Außendienst-Verkaufstouren. Frau Meier berichtete unmittelbar an die Ressortleitung Marketing/Vertrieb.

Dank ihrer großen und sehr beachtlichen Berufserfahrung in der Projektkoordination, aber auch aufgrund ihrer sehr guten Auffassungsgabe hat sich Frau Meier äußerst schnell und engagiert in ihren Verantwortungsbereich eingearbeitet. Bereits nach kurzer Zeit kannte sie sich mit allen Prozessen und Gegebenheiten des Unternehmens sehr gut aus, ihre umfassenden und vielseitigen Fachkenntnisse wendete sie jederzeit sehr sicher, zielgerichtet und ergebnisorientiert im Tagesgeschäft an. Dabei war eigenverantwortliches, selbstständiges Handeln für Frau Meier immer selbstverständlich. Sie ergriff stets von sich aus die Initiative und setzte sich zu jeder Zeit mit überdurchschnittlicher Leistungsbereitschaft für unser Unternehmen und die von ihr vertretenen Marken ein. Selbst unter hohen Belastungen und engen Zeitfenstern arbeitete sie stets äußerst zuverlässig, konzentriert und effizient.

Als Schnittstelle zwischen Marketing und Vertrieb garantierte Frau Meier jederzeit einen reibungslosen Ablauf der vertrieblichen Prozesse. Dabei kamen ihr ihre sehr guten analytischen Fähigkeiten, ihr strategisches und konzeptionelles Denken sowie ihre Fähigkeit, immer die richtigen Prioritäten zu setzen, sehr zugute. Besonders hervorheben wollen wir in diesem Zusammenhang ihre maßgebliche Mitwirkung bei der Einführung eines neuen Customer Relationship Management-Systems. Dank ihrer wertvollen Erfahrungen verfügen wir nun über ein für unser Unternehmen maßgeschneidertes System, mit dem wir die Wünsche unserer Kunden zielgerichteter bedienen und die Kundenbeziehungen insgesamt effizienter nachhalten können.

Die Leistungen von Frau Meier verdienen stets und in jeder Hinsicht unsere vollste Anerkennung.

Das persönliche Verhalten von Frau Meier war jederzeit sehr vorbildlich. Im Umgang mit Vorgesetzten, Kollegen und Mitarbeitern verstand sie es stets, eine vertrauensvolle und offene Atmosphäre zu schaffen. Unsere Kunden und Geschäftspartner schätzten Frau Meier vor allem aufgrund ihrer freundlichen und fachgerechten Beratung sowie ihrer verbindlichen Auskünfte. Das Unternehmen wurde von ihr stets vorbildlich repräsentiert.

Frau Meier verlässt uns leider zum 31.12.2015, um sich einer neuen beruflichen Herausforderung zu stellen. Wir bedauern ihre Entscheidung sehr und möchten die Gelegenheit nutzen, um ihr für ihre jederzeit hervorragende Arbeit zu danken. Für ihre Zukunft wünschen wir Frau Meier alles Gute und weiterhin viel Erfolg.

Beispiel

Zwischenzeugnis

Herr Volker Neumann, geboren am 27. Juni 1977, ist seit dem 1. Juni 2010 in unserem Unternehmen als Online Marketing & Sales Manager tätig.

Die Gartenwelt GmbH ist eine Tochtergesellschaft der Gartenwelt Deutschland GmbH & Co. KG., einem der bundesweit umsatzstärksten elektronischen Einzelhandelsunternehmens im Bereich Gartengestaltung. Die Gartenwelt GmbH betreibt seit März 2010 den Gartenwelt-eCommerce-Shop. Unser Produktangebot richtet sich vor allem an Gartenliebhaber, die hier von Stauden bis Pflanzennahrung alles für ihr Gartenparadies finden.

Als Online Marketing & Sales Manager betreut Herr Neumann hauptsächlich das Online-Partner-Marketing für den Gartenwelt -eCommerce-Shop. In dieser Funktion obliegen ihm im Wesentlichen folgende Aufgaben:

- *Betreuung und Weiterentwicklung des Suchmaschinen-Marketings in Zusammenarbeit mit einer externen Agentur,*
- *Steuerung der Online-Marketing-Maßnahmen nach den vorgegebenen KPIs (Kosten-Umsatz Relation, Cost per Order, Neukunden),*
- *Entwicklung und Erstellung der Online-Marketing-Reports,*
- *Entwicklung und Erstellung von Scorecards und Sonderauswertungen,*
- *Konzeption, Umsetzung und Betreuung von Retargeting,*
- *Durchführung von Online-Display-Kampagnen für Marken und Produkte in Zusammenarbeit mit externen Agenturen,*
- *konzeptionelle Weiterentwicklung und Mitarbeit an der Automatisierung der Newsletter-Erstellung sowie der Newsletter-Inhalte,*

- *Durchführung eines Pitches zur Auswahl eines neuen Newsletter Dienstleisters und Auswahl des Dienstleisters in Abstimmung mit dem Vorgesetzten,*
- *Konzeption und Durchführung von neuen Maßnahmen zur Generierung von neuen Newsletter-Abonnenten.*

Darüber hinaus übernimmt Herr Neumann im Vertretungsfall die Steuerung von Agenturen für die Bereiche Suchmaschinen-Optimierung, Affiliates und Preissuchmaschinen. Er berichtet direkt an den Bereichsleiter Marketing & Vertrieb.

Herr Neumann besitzt ein sehr umfangreiches und fundiertes Fachwissen, welches er jederzeit adäquat und sehr ergebnisorientiert im Tagesgeschäft umsetzt. Gerade in dem Bewusstsein, dass das Online-Marketing schnellen Änderungen und Trends unterworfen ist, erweitert er sein Wissen und Können beständig in eigener Initiative und kann dadurch viele neue Impulse für die Weiterentwicklung unseres eCommerce-Shops geben. So verdanken wir ihm beispielsweise die Einführung eines neuen Abrechnungsmodells für das Suchmaschinen-Marketing sowie die Einführung von Kundenbewertungen in unserem Shop, welche er in Zusammenarbeit mit einem Dienstleister konzipierte und umsetzte.

Wir schätzen Herr Neumann als einen ausdauernden und außergewöhnlich belastbaren Mitarbeiter, die seine Aufgaben selbst unter großer Belastung und hohem Termindruck hervorragend bewältigt. Sein Arbeitsstil zeichnet sich stets durch eine äußerst sorgfältige Planung, Effizienz und eine klare Strukturierung der Projektorganisation sowie durch ein sehr hohes Maß an Qualitäts- und Kostenbewusstsein aus. Seine Arbeitsergebnisse sind in jeder Hinsicht hervorragend.

Dank seiner sehr guten Auffassungsgabe und Flexibilität arbeitet sich Herr Neumann schnell in neue Aufgabenstellun-

gen ein. Dabei verbindet er strategisches und konzeptionelles Denken jederzeit mit praxisnahen operativen Lösungen, die er zielstrebig realisiert. Jederzeit erledigt er seine Aufgaben mit beispielhaftem Engagement und sehr großem persönlichem Einsatz.

Mit den Leistungen von Herr Neumann sind wir in jeder Hinsicht stets außerordentlich zufrieden.

Wir schätzen Herr Neumann als äußerst zuverlässigen und verantwortungsbewussten Mitarbeiter. Seine persönliches Verhalten ist jederzeit vorbildlich. Im Umgang mit Vorgesetzten, Kollegen und Mitarbeitern versteht er es stets, eine vertrauensvolle und offene Atmosphäre zu schaffen. Auch sein Verhalten gegenüber unseren Geschäftspartnern und Dienstleistern ist immer ausgezeichnet.

Herr Neumann bat anlässlich eines Vorgesetztenwechsel um dieses Zwischenzeugnis. Wir haben ihm diesen Wunsch sehr gerne erfüllt und möchten die Gelegenheit nutzen, um ihm für die bisher geleistete sehr gute Arbeit zu danken. Wir freuen uns auf eine weiterhin sehr erfolgreiche Zusammenarbeit.

Sie müssen nicht, wenn Sie nicht wollen

Chance oder Risiko – Sollten Sie immer noch Bedenken haben oder es sich nicht zutrauen, das Zeugnis selbst zu erstellen, darf Ihr Arbeitgeber von Ihnen keinen Zeugnisentwurf einfordern. Andererseits ist er jedoch auch nicht verpflichtet, Ihrem Entwurf zu folgen.

Auf den Punkt gebracht

Werden Sie von Ihrem Arbeitgeber aufgefordert, Ihr Zeugnis selbst zu formulieren, können Sie auf der einen Seite den Inhalt gezielt bestimmen und damit Einfluss auf Ihre berufliche Zukunft nehmen. Auf der anderen Seite nehmen Sie jedoch das Risiko in Kauf, welches mit den Feinheiten der Zeugnissprache verbunden ist. Diese Gefahren lassen sich allerdings durch eine gezielte Überprüfung des Zeugnisses vermeiden. Sollten Sie dennoch unsicher sein, bitten Sie einen Vertrauten oder aber einen Zeugnisprofi um Rat.

Unzufrieden mit dem Zeugnis?

Haben Sie Ihr Zeugnis anhand der vorhergehenden Kapitel überprüft? Und sind Sie zufrieden? Oder gibt es einige Formulierungen oder ganze Passagen, über die Sie unglücklich oder verärgert sind? Die gute Nachricht: Sie können von Ihrem Arbeitgeber eine Änderung oder Berichtigung des Arbeitszeugnisses verlangen bzw. gerichtlich einklagen. Die schlechte: Nicht alle Berichtigungswünsche lassen sich vor Gericht durchsetzen.

Achtung

Es ist grundsätzlich Sache des Arbeitgebers, wie er das Zeugnis formuliert. Er kann frei entscheiden, welche Ihrer Leistungen und Eigenschaften er hervorheben oder zurücktreten lassen will.

Berechtigte Änderungswünsche liegen insbesondere dann vor, wenn im Arbeitszeugnis:

- grammatikalische oder orthografische Fehler enthalten sind oder das Zeugnis auch sonst nicht den Formvorgaben entspricht,
- bestimmte Daten, zum Beispiel das Eintritts- oder Austrittsdatum, falsch angegeben werden,
- Ihre Tätigkeiten falsch, unvollständig oder gar nicht wiedergegeben ist,
- negative (nicht wohlwollende) Formulierungen gewählt wurden,

- Tatsachen enthalten sind, die nichts im Zeugnis zu suchen haben (zum Beispiel private Vorlieben),
- widersprüchliche oder verschlüsselte Aussagen bzw. Geheimzeichen enthalten sind,
- wichtige Elemente, zum Beispiel Leistungskriterien, fehlen.

Um es noch einmal zu verdeutlichen: Sie haben kein Recht darauf, dass Ihr Arbeitgeber bestimmte individuelle Formulierungen verwendet oder Leistungen hervorhebt. Demzufolge muss er auch keine besonderen Erfolge oder speziellen Aspekte Ihrer Tätigkeit aufnehmen, wenn er das nicht möchte. Weiterhin können Sie ihn nicht verpflichten, eine vollständige Schlussformel, insbesondere das Bedauern oder die guten Zukunftswünsche, im Zeugnis zu verwenden. Das gilt auch für die Unterschrift des Geschäftsführers: Diese kann nicht eingeklagt werden, es sei denn, es handelt sich um ein kleines oder inhabergeführtes Unternehmen.

Verhandeln auf die sanfte Tour

Sie haben Ihr Zeugnis geprüft und diverse berechtigte Änderungswünsche? Der erste Schritt sollte in diesem Fall immer das persönliche Gespräch mit dem Arbeitgeber sein. Bereiten Sie Ihre „Verhandlung" besonders sorgfältig vor: Gehen Sie mit einer Aufstellung aller Änderungswünsche in das Gespräch. Notieren Sie mögliche Gegenargumente, aber auch Formulierungen, die Ihnen angebrachter erscheinen. Sie haben zwar keinen Anspruch darauf, dass der Arbeitgeber Ihre Formulierungen verwendet, möglicherweise hat er aber bestimmte Aussagen gar nicht so gemeint und lässt sich gerne von Ihnen überzeugen. Am besten dokumentieren Sie Ihr Anliegen zusätzlich noch in Form eines Schreibens. Zum einen gehen Sie damit auf Nummer sicher, dass Ihr Arbeitgeber wirklich alle Punkte vor Augen hat, auf der anderen Seite schaffen Sie auf diese Weise einen Beweis dafür, dass Sie ihn bereits einmal zur einer Änderung aufgefordert haben.

Achtung

Bevor Sie das Gespräch mit Ihrem Arbeitgeber suchen: Prüfen Sie Ihr Zeugnis ganz genau. Fragen Sie bei Bedenken Vertraute oder Personen, die sich mit dem Thema auskennen. Ihre Liste möglicher Änderungswünsche sollte auch wirklich vollständig sein, d. h. alle Kritikpunkte enthalten. Ihr Arbeitgeber wäre mit Sicherheit nicht erfreut, wenn er das Zeugnis fünfmal ausstellen muss, weil Sie alle paar Tage einen neuen Vorschlag unterbreiten.

Versuchen Sie, wenn möglich, sich einvernehmliche zu einigen. Ein Arbeitsgerichtsverfahren bedeutet immer einiges an Kosten und Aufwand, zumindest jedoch Ärger. Tragen Sie daher alle Bedenken ruhig sachlich vor und besprechen Sie mit ihm Ihre Vorschläge. Stoßen Sie auf Unverständnis oder Ablehnung, sollten Sie Ihrem Arbeitgeber deutlich zu verstehen geben, dass Ihnen das Zeugnis so wichtig ist, dass Sie notfalls auch einen arbeitsgerichtlichen Streit in Kauf nehmen. Viele Arbeitgeber scheuen die Kosten und Mühen, die mit einem Gerichtsverfahren verbunden sind, und werden daher bereitwilliger einlenken.

Achtung

Wenn Sie eine Berichtigung eines Arbeitszeugnisses verlangen wollen, sollten Sie das stets unverzüglich nach Zeugniserteilung machen. Andernfalls kann sich der Arbeitgeber weigern, das Zeugnis zu berichtigen. Die Rechtsprechung betrachtet eine Zeitspanne von fünf bis zehn Monaten als angemessen.

Wenn alles nichts nutzt: Die Klage

Haben Ihre Bemühungen, bei Ihrem ehemaligen Arbeitgeber eine Änderung des Zeugnisses zu erreichen, nichts genutzt, so hilft nur noch die Klage vor dem Arbeitsgericht. Eine solche Berichtigungsklage ist allerdings mit etwas mehr Aufwand verbunden als eine Klage auf Erteilung eines Zeugnisses. Es reicht hierbei nämlich nicht aus, dass Sie beantragen, den Arbeitgeber zu einem angemessenen oder wohlwollenden Zeugnis zu verurteilen.

Im Klageantrag muss ganz konkret formuliert sein, was Sie geändert haben möchten. Sollten Sie insgesamt mit dem Zeugnis nicht einverstanden sein, muss das ganze Zeugnis im Klageantrag neu formuliert sein.

Das Arbeitsgericht ist berechtigt, das gesamte Zeugnis zu überprüfen und ggf. neu zu formulieren. Diese Vorgehensweise ist sinnvoll: Das Zeugnis bildet grundsätzlich eine Einheit, möchte der Mitarbeiter nur einzelne Passagen geändert haben, können sich durch den neuen Text unter Umständen Widersprüche zu dem Rest des Zeugnisses ergeben.

Kommt das Gericht zu einem Urteil oder einigen Sie sich mit Ihrem Arbeitgeber im Rahmen eines gerichtlichen Vergleiches, ist der Arbeitgeber verpflichtet, das Zeugnis so auszustellen, wie das Gericht es bestimmt hat (oder Sie es vereinbart haben).

Achtung

Es darf im Zeugnis nicht ersichtlich sein, dass bestimmte Formulierungen durch einen Gerichtsprozess entstanden sind. Dem Arbeitgeber steht es weder zu, einen solchen Prozess ausdrücklich nennen, noch anzudeuten. Es verbieten sich daher auch Formulierungen wie zum Beispiel: „Wir sind gezwungen, zu bestätigen ..." oder „Unsere Pflicht als Arbeitgeber ist es, zu bescheinigen, dass ...).

Wer muss was beweisen?

Grundsätzlich muss der Arbeitgeber beweisen, dass das Zeugnis vollständig und inhaltlich richtig ist. Diese Pflicht kann er in der Regel auch viel einfacher erfüllen als Sie, schließlich stehen ihm diverse Hilfsmittel, wie zum Beispiel Personalakten, Protokolle aus Mitarbeitergesprächen oder eventuelle schriftliche Abmahnungen zur Verfügung. Darüber hinaus hat er die Möglichkeit, sich auf die Bezeugung von Vorgesetzten oder anderen Mitarbeitern zu beziehen.

Es gibt jedoch auch Ausnahmen von diesem Grundsatz:

- Streiten Sie sich über den Tätigkeitsbereich, so ist es Ihre Aufgabe darzulegen und zu beweisen, dass Ihnen diese

Aufgaben übertragen waren und Sie sie auch tatsächlich wahrgenommen haben. Möglicherweise stehen Ihnen ja noch Protokolle von Sitzungen, E-Mails, Aktionspläne oder Ähnliches zur Verfügung, anhand derer Sie bestimmte Tätigkeiten belegen können.

Achtung

Natürlich können auch ehemalige Kollegen bestätigen, dass Sie bestimmte Aufgaben wahrgenommen haben. Bedenken Sie jedoch stets, dass die Kollegen in der Regel noch im Unternehmen beschäftigt sind und unter Umständen nicht in einen Rechtsstreit gegen ihren Arbeitgeber involviert werden wollen.

- Die zweite Ausnahme betrifft die Leistungsbeurteilung: Hat Ihnen der ehemalige Arbeitgeber eine durchschnittliche Beurteilung ausgestellt, mit welcher Sie nicht zufrieden sind, müssen Sie darlegen und beweisen, warum Sie eine bessere Bewertung verdient haben. Dies gilt im Übrigen ganz besonders, wenn Sie eine „Bestleistung" für sich beanspruchen. Wurde Ihnen jedoch eine unterdurchschnittliche Beurteilung ausgestellt, muss der Arbeitgeber die Tatsachen beweisen, die zu einer solchen Bewertung geführt haben.

Mit welchen Kosten muss ich rechnen?

Auch hier müssen Sie wieder zwischen Anwalts- und Gerichtsgebühren unterscheiden: Genau wie bei der Klage auf Erteilung eines Arbeitszeugnisses tragen die Parteien auch hier in der ersten Instanz ihre Anwaltskosten selbst. Je nach Streitwert fallen danach 2,5 Anwaltsgebühren (bei einem Vergleich 3,5) sowie eine Auslagenpauschale von 20 Euro zuzüglich Umsatzsteuer an.

Über die Verteilung der anfallenden Gerichtsgebühren entscheidet das Gericht je nach Ausgang des Verfahrens. Hierbei muss diejenige Partei, die (mehr) siegt, den größeren Anteil der Gebühren tragen. Um diese Vorgehensweise zu veranschaulichen zu machen, empfiehlt sich ein vereinfachtes Beispiel.

Wird das Verfahren bereits im Gütetermin durch einen gerichtlichen Vergleich beendet, fallen auch hier keine Gerichtsgebühren an.

Achtung

Sind Sie rechtsschutzversichert, dann übernimmt Ihre Versicherung die anfallenden Gebühren, d. h. die Gerichts- und die gesetzlichen Rechtsanwaltskosten. Unter Umständen haben Sie auch einen Anspruch auf Prozesskostenbeihilfe. Über die genauen Voraussetzungen kann Ihnen die Rechtsantragsstelle Ihres zuständigen Arbeitsgerichts Auskunft geben.

Auch bei der Berichtigungsklage entspricht der Streitwert in der Regel der Höhe eines Monatsgehalts.

Auf den Punkt gebracht

Das Arbeitszeugnis ist Ihre Visitenkarte im Berufsleben. Sorgen Sie dafür, dass Sie zukünftige Arbeitgeber mit einem adäquaten Zeugnis überzeugen können, notfalls auch mithilfe einer Berichtigungsklage. Unterscheiden Sie zwischen berechtigten und unberechtigten Änderungswünschen und bitten Sie Ihren Arbeitgeber erst einmal auf kollegiale Art und Weise um eine Korrektur. Sollte dies nichts nützen, wagen Sie den Weg vor das Arbeitsgericht.

Stichwortverzeichnis

Die Autorin

Claudia Kilian hat als Volljuristin und langjährige Lektorin zahlreiche Bücher und Publikationen zum Thema Arbeitsrecht veröffentlicht und eine große Zeugnis-Software redaktionell betreut. Ihr Schwerpunkt ist jedoch das Erstellen von individuellen Arbeitszeugnissen. Hierbei setzt sie besonders auf passgenaue Formulierungen, die dem Berufsbild jedes Einzelnen entsprechen. Auf ihrem Zeugnisportal www.mein-Arbeitszeugnis.com bietet die Autorin Zeugnisanalysen sowie die Erstellung und Überarbeitung von Arbeitszeugnissen an.

Impressum
Verlag C. H. Beck im Internet: www.beck.de
ISBN: 978-3-406-68125-7

Wilhelmstraße 9, 80801 München
Satz: Fotosatz Buck, Kumhausen
Druck und Bindung: Beltz Bad Langensalza GmbH,
Neustädter Str. 1-4, 99947 Bad Langensalza
Umschlaggestaltung: Ralph Zimmermann – Bureau Parapluie
Umschlagbild: © Bernd Kröger – fotolia.com
Gedruckt auf säurefreiem, alterungsbeständigem Papier
(hergestellt aus chlorfrei gebleichtem Zellstoff)